U0298824

古砚流芳

秦 | 汉 | 晋 | 唐 | 宋 | 元 | 明 | 清 | 民国

王承绪 著

王赛 范涛 编

西泠印社出版社

美　的　追　求

美的追求

——为《古砚流芳》而作

蒲　白

　　《古砚流芳》是思遇斋王承绪同志谈"砚"的专著，文字与图片并重，洋洋洒洒，蔚为大观，能给人以多方面的启迪。

　　中国的书法、绘画，是人类重要的文化积淀，是中国人的独特创造，在世界艺术史上占有特殊的地位。纸、笔、墨、砚，是中国书画的基本器物。"工欲善其事，必先利其器。"中国书画的发展与其器物的发展是同步进行、相得益彰的。比如砚台，在发墨、润笔方面，对一幅书画的形成，起着重要的支撑与辅助作用。自古以来，许多书画大家都把自己中意的砚台，当作把玩、珍藏、传世的宝贝。如果说，中国书画的发展可以构成一部瑰丽的书画史，那么，砚台的应用与衍变，同样可以构成一部厚重的砚台史。《古砚流芳》展现了诸多砚台源远流长的历史风貌，挖掘了它们丰富的文化内涵，探索了它们的实用价值和美学价值，也是可以当作一种具象的"砚史"来看的。

　　《古砚流芳》推介的诸多砚品，产地不同、材质各异。其中既有久负盛名的端砚、歙砚、澄泥砚、洮河砚、红丝砚，也有各地出产的、式样繁多的杂石砚，更为难得的是那些历年出土或民间流传的砖、瓦、铁、木、瓦当砚，可谓琳琅满目，美不胜收，充分表明了我国砚石材质的丰富多彩。特别是一些砚面的纹丝色泽，黄绿青紫，或浓或淡，或深或浅，各显神韵，更是给人以赏心悦目的视觉冲击。唐代诗人李贺的《杨生青花紫石砚歌》有云："端州石工巧如神，踏天磨刀割紫云……圆毫促点声静新，孔砚宽顽何足云。"一千多年前人们对砚石的分类与评价，也可以从这里得到具体的印证。

　　《古砚流芳》推介的砚品，形制不同，款式不同。其中有圆有方，有长有短，有大有小，有厚有薄，有的简约古朴，有的细腻莹润，有的雕塑了形神兼备的各种动物，有的镂刻了精致入微的草木纹饰，还有的超越常规形制，有着奇特的造型。各式砚台，千姿百态，出神入化，匠心独运，充分展现了不同时期造砚者的聪明才智与高超技艺。

至于一些砚品的文化荷载，雅俗兼容，底蕴深厚。但无论雅俗，都经历过时空的洗练，承载着历史的沧桑，具有各自的历史记忆。特别是一些经过历代文人雅士与权贵把玩摩挲过的名砚，更是拥有几分神秘的色彩。一方本来没有生命的顽石，由此获得了深厚凝重的文化积淀。尤其那些精致的款识和铭文，或有砚石流传的记述，或有个人品行的勖勉，或有人生的体悟和对后人的期许等，赋予人一种美的想象和感受。

庄子说："天地有大美而不言，四时有明法而不议，万物有成理而不说。"美是什么？美是自然界的原动力，也是人的创造力，美是一种表象，一种境界，也是一种或清晰或模糊的历史印迹。天地之大，无所不包；天地之美，无所不在。蕴藏在天地之间的美，是一种客观存在，它不可能一一地向世人宣告。问题在于能不能用自己的灵性与悟性去发现，能不能用自己的劳动去创造。王承绪同志通过自己的发掘和感悟，捕捉到了各种砚品的内在特质，也就把握了蕴藏其中的美的定义。

王承绪同志和我谈过他的藏砚经历和体会，他说他对砚有一种特殊的情感。他的老家在山东诸城，那是一个人文荟萃的地方，他小时候寄住在舅舅那里，舅舅办了一个乡村私塾，每天都要他清洗用过的砚池，舅舅生怕他把砚台的四边棱角弄坏，每每叮嘱他要小心。此后他只要见到砚台，就像见到旧日的朋友，总是给以特别的关注。他年轻的时候，见到好的砚台，也想买下玩赏，但是囊中羞涩，不能遂意。王承绪同志是学俄语的，直到中年之后，翻译稿酬稍有余裕，才开始依据自己的实力，有所收藏。

在市场经济的大潮中，由于各种利益的驱动，淘宝市场鱼龙混杂，泥沙俱下，赝品充斥，次品泛滥。要想得到一方好的砚台，就需要具备一定的专业知识和鉴别能力，才能去粗取精、去伪存真。收藏靠的是"眼力"，经验只能逐渐积累。为此，他做出了艰苦的努力，也付出了相应的代价。比如他为了鉴别一方砚台的真伪，需要根据砚台款式或铭文提供的信息，多次去图书馆查找相关的资料，印证这些信息的真实性和可靠性。为提高自己的鉴赏能力，他阅读相关的书籍，拜访有关的专家，以充实自己的专业知识。从这里，可以看到他锲而不舍的执着精神。

古砚记录、传承了中华五千年的文明史，砚文化博大精深，弘扬、传承砚文化，确保古砚流芳百世，集砚家"匹夫有责"。

王承绪同志藏砚的过程是一个坚持不懈地追求真、善、美的过程，也是他晚年生活的一大乐趣。他对美好事物能够保持一种专注精神，保持一种求索欲望，是热爱生活的具体表现，也是一种幸福。特别是离休之后，其收藏活动更显活跃，真正做到了"老有所学""老有所为""老有所乐"，给平淡的老年生活增添了闪亮的色彩。

序论

王承绪

　　笔、墨、纸、砚，是中国创造的四大传统书家工具。南北朝时期开始就被誉为"文房四宝"。四宝中"砚"居首位，源于新石器时代后期的"研磨器"（由研盘与研石组成），其功能与砚相吻合，可谓砚之雏形。汉末刘熙于《释名》中云："砚，研也。研墨使和濡也。"东汉末年，手持墨锭问世之后，石墨被淘汰，研石被废弃，"研"演化作"砚"（砚台）。"砚者墨之器"，砚与墨的改进密切相关，两者互促互进，相伴发展。砚，是古代人们生活中必备之物，特别是文人，他们以文为业，以砚为田。宋苏轼有"我生无田食破砚"砚铭，与砚朝夕相伴。正如明陈继儒《妮古录》中所言："文人之有砚，犹美人之有镜也，一生之中，最相亲傍。"砚是传播文化、创造文明社会的主要工具之一，是影响时代发展的独特力量，其历史功绩巨大而辉煌。

　　近代随着书写工具改进和发展，砚的实用价值有所衰落，但是它的文化、艺术、文物、鉴赏、收藏价值依然焕发着无穷的魅力。

　　古砚是一种高雅的综合艺术品，历史文化内涵丰富多彩。

　　我嗜砚、玩砚近半个世纪，藏品的质与量还算满意，此番从所藏历代古砚中精选出 282 方，编纂成《古砚流芳》一书，展现其历史风采和时代魅力，供古砚爱好者赏读品味。

　　砚学，博大精深，笔者学浅，加之年迈，力不从心，差三错四，在所难免，故请方家充实、改正，诚挚感谢！

一、历代石材砚

　　史前石研磨器（含研盘、研石），多为平面扁圆形，有加工的，也有用较平整的卵石而为之，研石多为平底小石块。西安半坡仰韶文化遗址出土了石研磨器（上留有颜料痕迹），说明在新石器时代就有了用于涂绘的石质研具。另，二十世纪七十年代在湖北睡虎地四号和一号秦墓，分别出土了秦人使用的较完整的书写文具：毛笔、简牍和缯帛、墨丸（煤炭胶合物）和石研（砚），在上面也留有颜料痕迹，从而说明在战国末年就已经有了用于砚墨的石研（砚）。秦汉时期，研（砚）的应用较为普遍，秦汉墓中常有出土。东汉末年手持松烟墨锭问世，研石废弃，"研"演化为"砚"，正名为"砚台"。这一转变是砚文化史上一次重大转折，影响重大而深远，对砚的形制发展变化起了很大的推动作用。汉、魏晋时期重视书法，首创行书体，"行书""真书"成为国家应用书体。当时书写普及，砚台应用广泛，形制种类也比前世丰富，开始流行三足、四足砚，形制变化明显，如砚面砚堂有微凹，而周边砚唇普遍隆起，以利研墨、蓄墨。洛阳博物馆藏"西晋四足方形石砚"最为典型。相传东晋琅玡石问世，色墨莹润，近似墨玉，有的缀以金星，质地发墨利毫，是当时最好的石材砚。石出山东费县境内的岐山涧，藏于水底，据说当时王羲之曾以其治砚。东晋开始出现四周低洼环渠式的圆形三足砚，这种砚式可视为最早的辟雍砚。

　　唐以前的石材砚，多为砂质泥灰岩、玄武岩、千板岩、大理岩等，材质都不怎么好，而且多为就地取材。

　　唐代是我国封建社会重要的发展时期，出现了继汉而兴起的古代文化高潮。制砚业也取得了辉煌的成就。唐代开始着重开发石质砚台，端、歙、红丝、洮河等石砚相继发掘。但当时石砚应用范围有限。据史料记载，陶砚、澄泥砚的使用仍占多数，而石砚尚处创新、发展阶段。我国盛产石质砚材，除上述四大名石，唐人还开采了淄石、方城石、紫金石、赭石、大沱石、天坛石、徐公石、贺兰石、思州石、虢州石与金音石等优质砚材，为石砚发展奠定了基础，对繁荣砚文化起了推动作用。另外，砚的形状由唐开始由圆向长发展，砚堂由平面向破面演进。当时除箕形砚外，辟雍砚、龟形砚等，均为流行砚式。在盛唐三百多年的繁荣文化与历史中，制砚工艺起着重要作用。

宋朝的建立，结束了五代十国混乱的局面，国泰民安，文化事业欣欣向荣，制砚业蓬勃发展，砚文化跨入全方位发展时期。两宋期间，石砚日趋普及，石砚开发和应用占据主导地位。除开采端、歙、红丝、洮河石外，还开发了砣矶石、金星宋石、明山石、祁阳石等制砚佳材。另外，入宋后桌椅普及，书绘改席地为伏案，砚之形制随之也发生了一定的变化，形制增多，有长方、正圆、椭圆等形式，除抄手砚外，凤字式、渠田式、方城式、兰亭式以及蝉形式，也都是当时流行砚式。"天砚"亦源于北宋。天砚，又称"天然砚"，顾名思义，乃天然造就的随形原石砚。据《苏轼文集》记载，苏轼少年"与群儿凿地为戏，得异石，如鱼，肤温莹，作浅碧色……试以为砚，甚发墨"。苏轼之父苏洵称此砚为"天砚"。另《端溪砚谱》中对"天砚"注曰："东坡尝得石，不加斧凿以为研，后人寻岩石自然平整者效之。"继而"天砚"发展成了一个备受喜爱的砚种，流行于世。"天砚"多为随形扁平状子石，藏天地之灵气，聚日月之光华，历尽沧桑，磨炼成形，奇迹天工，妙不可言。材质好，形体美，块头适中，端庄实用的"天砚"，寥若晨星，珍稀难得。

十二世纪蒙古族推翻宋朝，建立元朝。由于国主重武轻文，经济不振，制砚衰落，无多大发展。据史料记载，元政府对端、歙砚坑封闭禁采，所以当时多为杂石砚，赋以造型浑朴粗犷、刀工强劲有力的特点。唯砚首圆雕瑞兽、人物、山峦的长方形石材砚，别具特色，特别是民间石狮砚形式多样，造型生动，姿态各异，蔚为大观。所以古有"石狮砚数蒙元"的说法。另外，元代蝉形砚以及双履石砚也比较常见。元砚一般砚堂多为平直与斜坡状，而砚侧改内敛为垂直形，做工简练，古拙实用。

公元1368年明朝建立。轻工业发达促使制砚业兴旺，无论砚式、造型、构图、雕工等各方面，都有长足发展，强调实用与艺术完美结合，高度统一。明代"随形砚""平板砚"，也叫"板砚"或"砚板"，多长方形，砚面平整，一般都是选用石品出众的上等砚材为主，不雕不琢，全身持素，以利赏其天然纹理，同时又不失实用。随形、圆形、椭圆形、鼓形、蝉形砚以及"门"字砚，均为明砚主要形制，而如意池、荷叶池、云池、龙纹池、蟾蜍池等，也是明代常见砚式。明代抄手砚的形体与结构和宋晚期抄手砚基本相同。明砚以造型浑圆饱满、做工精巧、凝重豪放而著称。明代除以四大名石制砚外，还开采、利用潭柘紫石、燕子石、嘉陵江石、紫金石等制砚。

清代是我国封建社会最后一个王朝。清早期康熙、雍正、乾隆三代，经济繁荣，工业发达，制砚业步入辉煌时期。当时宫廷规范工艺与民间纯朴工艺相结合，实用与艺术相统一，创造出了不少艺术风格各异的好砚。清代除延续开采名石外，还开发了菊花石、尼山石、苴却石、黟县青石以及台湾的螺溪石等砚材。这个时期的砚材种类、雕琢技术、花纹形式，均有创新与发展。当时名人题识尤为流行，砚盒装饰极其考究。清中前期，实用与艺术完美结合的上乘砚作，殊为砚中精品。而清中后期，由于工巧过甚，出现以花样为主、砚堂为附的现象，工艺趋向繁复。

二、泥土、石末烧造砚

这类砚包括陶砚、砖砚、瓦砚、瓦当砚、澄泥砚、石末砚、瓷砚。

（一）陶砚及砖、瓦、瓦当砚

陶砚，唐代韩愈在《瘗砚铭》中说这种砚是"土乎成质，陶乎成器"。陶研（砚）史前就有，汉代较为流行。鉴于天然陶土有质松、渗水、不耐磨等缺点，宋明以后趋向衰败。

以古砖、瓦分别改制砖砚、瓦砚、瓦当砚，兴起于隋唐，盛行于清代。这类砚并非普通百姓盖房子的砖瓦，而是秦汉时期宫廷建筑所用砖瓦，如未央宫瓦和铜雀瓦以及上林苑等著名宫阙瓦，均为改制砚的精品，据传曹操曾用铜雀瓦治砚。只要是汉瓦就可视为佳品。或砖或瓦，贵在上面有文字或图画，有文字的较为珍贵。其质地坚细凝重，制作精致。"自禹至周全部矿砖只有花纹或故事图画，均无带文字的。"秦代以后开始在矿砖上刻文字，制砖规格改小，多带文字，且以篆、隶书为多，带人物和鸟兽图案的亦有，但为数不多，文字多为纪年与吉祥语句。以古砖、瓦改制成砚，由于它年代久远，独具艺术感染力和丰厚的历史文化内涵，故深受文人学士青睐。

（二）澄泥砚及石末砚

澄泥砚是陶砚的进化，唐有制作。石可在《鲁柘澄泥砚》中云："唐代的澄泥砚，是有所改进的陶砚，因为它是用澄过的陶土成型的，故称之为澄泥砚。"澄泥砚许多地方都有烧造，早期唯河南虢州澄泥砚出名，后来山西绛州澄泥砚最具坚密细润之特点，使用性能不亚于端、歙二石，故被收入"四大名砚"之列。

石末砚，出自山东青州，是唐人所创造。宋唐询在《砚录》中说石末砚是"士人取烂石研澄其末，烧之为砚"，其质硬于澄泥砚。唐代大书法家柳公权重石末砚，认为不亚于澄泥砚。宋以后，石末砚已绝迹。

（三）瓷砚

瓷器正式烧制成功在东汉，魏晋时期工艺水平有显著提高，晋代开始流行。西晋多为三足圆形砚，东晋开始出现四足瓷砚。北魏、南朝兼有四足方形，而南北朝多为六足，三足者少见。隋代珠足瓷砚问世，蹄足砚不多见。隋唐时期瓷砚底足增多，有的多达数十个，并且多为辟雍形。这种形制的瓷砚，入宋后已不多见。六朝时期的瓷砚无论从造型、质地、釉色都达到了标准化水平，到隋唐时代已跨入成熟阶段，南北各地许多窑口均有烧造。越州窑、邢州窑、昌南镇（景德镇）窑以及四川邛窑等制造的瓷砚，形制多样，古朴典雅，颇具名气。明清瓷砚进入繁荣期，在形制、雕琢、釉色、图纹等各方面，推陈出新，精益求精，把瓷砚推向了一个新的高潮。

三、名石名砚

唐宋时代是我国传统文化发展的成熟时期，古人云："镜须秦汉，砚必宋唐。"这时期崇尚石砚，以石为主的制砚工艺得到了蓬勃发展。随着端、歙、红丝、洮河四大名石相继开发，砚的质量空前提高。唐箕形砚和宋抄手砚最具代表性，当属名砚。箕形砚像簸箕，内凹，有足，是由东晋时期的圆首两足凤字形陶砚演变而来的，始于唐代，流行于宋、明。当时有长方形大抄手砚即"太史砚"，也有精巧的小抄手砚。唐代箕形砚和宋代抄手砚，其形式都是有变化的，早期箕砚，砚侧至砚面为弧形过渡，无折线转折，晚期砚面与砚侧有折线，为折角过渡。宋抄手砚的变化，主要表现在砚堂与墨池之间，早期砚堂与墨池相连接，作淌池式，一坡而下；中期砚堂落潮处设砚冈，弧度陡峭，墨池过渡顺肩而下，流畅美观；晚期砚堂平坦，墨池落潮处作垂直状态，墨池呈"一"字形，中规中矩，简练实用，砚侧增厚，加高，变内敛为垂直，尤显端庄厚重。

五代十国期间，各方混战，制砚业受阻，端溪制砚名材石竭。当时唯南唐所辖的歙州，因统治者注重发展经济、文化事业，制砚名材——歙石得以开采并取得了不少优质名石材，为发展歙砚创造了条件。可见"歙砚数两宋"之说与此不无关系。宋代对端、歙二石的开采纳入正规发展轨道，当时这两种名石都有新坑新石出产，端石有坑子岩、宋坑、梅花坑，黑、白、绿端石；歙石有水蕨坑、驴坑、济源坑等。同时还开发了北方最佳砚材——洮河石。嘉祐六年（1061）红丝石也得以复采。这一期间，制砚规范化，突出实用，追求美观，讲究琢刻，格调高雅，为前世所不能及。

明代制砚亦以石材为主，除从旧坑取石外，永乐年间重开老坑大西洞，采到了前所未有的特别优质的砚材，而宣德年间，还开采了"宣德岩"。崇祯末年两广总督熊文灿私行开采"熊坑"，亦得不少高档砚材，如鱼脑冻、冰纹、蕉叶白、青花等珍稀石品，有的还缀以色彩晶莹的石眼。

清代除延续开采前世名坑石外，康熙年间开发了白线岩、朝天岩，乾隆时期开发了麻子坑，道光年间先后两次开采过大西洞，所得石质最好，称之为名石之冠。所以俗有"歙砚数两宋，端砚数大清"之说法。另，据史料记载，康熙四十一年（1702）始采松花石（松花玉）治砚，并圈定其为"皇室用砚"，而且有"砚中官窑"之称。

唐宋以来，名石不断出产，名砚相随陆续问世，随着时间的推移，远远超出《博物志》内所述"天下名砚四十有一"的数字。

四、案头大砚与袖珍小砚

（一）案头大砚

大砚，魏晋以来历朝历代都有出产，宋、元、明三代尤为崇尚，特别是宋代，俨然成为一种风尚。章放童先生《歙砚温故》言："年来，为研究中国古砚，浏览了不少历代文人的全集或诗集、文集，尤以宋人为主。读得多了，便发现一个有趣的现象：北宋文人颇喜大砚，且常吟诗作铭，歌之颂之。"这类砚的材质有名石，也有杂石别品，其形制多样：宋代多为涸池"门"字式、抄手式、荷叶式；元朝时期多在砚首圆雕双狮、人物、鸟兽等长方形砚式；明代多为太史砚及平板砚。案头大砚形体硕大浑厚，造型饱满庄重，做工古拙大气，以彰显傲砚之雄风。大砚美观实用，雍容大度，既可作为书绘最佳工具，也可作为清雅之案头陈设，可谓双美兼备，赏用皆宜，且为古砚中瑰宝。特别是四大名材案头大砚，是文人学士求之不得、"寤寐思服"的文房重器。

（二）袖珍小砚

万物有大便有小，古砚也不例外，高古时期研磨有色矿石的研磨器，形体都不大，有陶质的，也有石质的，多为圆形扁平状。西汉时期常见一种长方形小平板砚，此前这种形式的小砚并不多见。西晋至隋唐，多有小型瓷砚。宋代小砚盛行，其材质多为歙石，形制多为抄手式。其中有的石质珍稀，做工精致，中规中矩，极其珍贵。也有的是殉葬明器，工简质粗，不被正视。宋代有薄如层纸的小砚，它的出现证明当时制砚工艺达到了炉火纯青的地步。北宋大书法家米芾在《砚史·歙砚婺源石》中记载："少时见一砚于士人赵光弼家，其样上狭四寸许，下阔六寸许，如二十幅纸厚，色绿如公裳，而点如紫金，斑斑匀布无罗纹，点中无窍。自后不复睹如此等者。"苏易简在《歙砚说》中亦云"砚有薄如纸者，盖以薄为利用云"。这种袖珍砚，可谓古砚中之绝品，珍稀神奇，难得一见。

明末清初文学家张岱是浙江山阴（今绍兴）人，侨寓杭州，清兵南下，他携小砚入山著书，并在小砚上作铭："入溪山，坐清樾，携尔来，志日月。"他在山上著述了明史巨著《石匮书》，以及明亡后怀旧伤感之作《西湖梦寻》等，这些名著有可能就是用这方小砚成就的。由此可见，袖珍砚块头小，作用大。

明清时期小砚流行，材质丰富多样，形制变化多端（随形的较多），做工精益求精，小巧玲珑，蔚为大观。笔者对古代小砚情有独钟，所藏袖珍小砚薄不过2—3厘米，大不过8—9厘米，有的材质好、形制美、做工精，有的古拙而具灵性，特别招人喜欢。

五、铭文、款识砚

关于在物体上镌铭、题记，早在秦汉时期就有，其内容多为纪年、物主姓名和器物名称等简单记载。汉文帝时萧何建宫殿的半筒形瓦上有"汉并天下"或"长乐未央"篆书四字铭。"汉龙钮三足石砚"是迄今所见最早的镌铭砚。

《中原文物》1981年第一期与1984年第二期载：此砚于1978年冬在河南省南乐县出土。盖钮正中阴刻隶书"君"字，砚底简镌篆书"五铢"二字，砚面周边也镌隶书铭："延熹三年（160）七月壬辰朔七日丁酉，君高迁刺史二千石，三公九卿君寿如金石，寿考为期，永典启之，研直二千。"此题记除纪年外，还有物主姓名、身份及砚值等详细记载。在砚上题记，两晋六朝时期也有。唐代始行品砚，欧阳修在《砚谱》中有"唐人品砚以为第一"的记载。品砚继而铭砚，从唐朝开始赋予了实际内容，添加文采，但当时在砚上或砚盒上题铭刻记，并不为盛，宋朝开始流行，明清则蔚然成风，空前绝后，其内容与形式特别丰富。当时文人"以砚为田，爱砚为命，不可一日无此君""一生之中，最相亲傍"，他们重视名砚与砚铭，寻得佳砚，以诗文佳句，书题刻铭，或阐述其来历、质地，或赞美其制式、做工，或铭心言志，或考史咏物，垂范后世。有的在砚上题刻名款、字号、纪年、斋号，以佐证其身份。砚铭有一人铭、二人铭、多人铭，当然以多人铭为贵。刻铭有自铭自刻，也有请他人代刻，以自铭自刻为上。砚铭具文雅之风，古朴之气，文质兼备，美不胜收，最可赏读。它是古砚中最具历史文化内涵的精神部分，也是最具历史价值的。所以古有"砚贵石质雕功，更贵名人题跋"的说辞。

六、特质别品砚

特质别品砚，自古有之。新石器时代结束，我国第一个王朝夏朝的建立，标志着原始公有制社会转变为奴隶制社会。夏、商、周三代青铜器发达，商代曾发现青铜文具——调色器，1976年在安阳殷墟妇好墓出土的玉器中有玉调色器，其造型与用途和后来的砚都很接近。漆器是我国发明创造的，漆器制造在战国至西汉时期第一次形成高峰。别品漆砂砚出自西汉，是以木材或麻布为胎，由生漆调和轻细金刚砂制成的，其优点是体轻便捷，发墨不损毫。1956年安徽寿县东汉墓曾出土过漆砚，长方夹纻胎，髹墨漆，外加朱漆，十分华丽珍稀。另外，山东临沂金雀山十一号西汉墓也曾出土过一方漆盒板研砚，为石质长方形薄片，置于木盒内。木盒一端有一小方槽，用于放置研石。此器设计巧妙，制作讲究，实用美观。江苏妙庄西汉墓也有彩绘漆盒石板砚出土，现藏扬州博物馆。漆砂工艺宋以后失传，直至晚清扬州漆匠卢葵生所复制的漆砚，质量优良，便携实用，古朴典雅，被视为名器。据史料记载，别品玉砚汉人始用。汉代刘歆在《西京杂记》中云："以玉为砚，亦取其不冰。"明代方以智在《通雅》中说："汉天子用玉砚。"鉴于玉砚，特别是和阗种，品尚料贵，质坚不发墨，不适合书写，故大者不多，一般均为袖珍小砚，古代多为宫廷及社会名流把玩之物。当然也不失实用，可用于研朱墨批文、圈点，或供美嫔化妆，称之为"黛砚"。

两晋时期出现了水暖砚以及铁砚、银砚、铜砚。1957年安徽肥东县草庙乡出土了南朝蟾蜍铜砚，鎏金并嵌红、蓝、黄、白宝石，极其珍贵罕见。

关于别品砚中的木砚，杨钧著《草堂之灵》中云："木砚则知之者少，且不多见。李梅庵一方，大如碟子，以入行箧，轻便异常。族人持小者见赠，云得自宁乡某达官家，初有玉匣，为后人割卖，其非凡物，不问可知。乃洗涤而秘藏之，虽无玉匣，得我以彰，亦砚之幸。"晋傅玄《砚赋》云："木贵其能软，石美其润坚。"陈继儒有松皮砚。然则后世无以木砚著者。可见木砚晋有之，至于始于晋还是晋之前，有待考证，然而传世木质古砚珍稀，少见。另外，齐有蚌砚，唐有琉璃砚、骨砚，宋有水晶砚等。明清尤重发展各种材质的别品砚：有软玉、硬玉、玛瑙、水晶、紫砂、琉璃砚（又称玻璃砚，其砚堂有磨面，以利研墨）。又有金、银、铜、铁、锡、漆、蚌、纸砚等，一应俱全，洋洋大观，可谓极一时之盛。特别是清代康熙、雍正、乾隆时期制砚工艺，繁缛而精致，形象生动而典雅，有的材质虽贵重而不发墨，实用性差，但可研朱墨，可为黛砚，或作赏物把玩，物尽其用，足矣。

目录

清 代

汉

代

及

以

前

汉或汉前·研磨器（附研石）

长 15 厘米，宽 9.5 厘米，厚 1.5 厘米

　　此器是由一种火山熔岩石制成，原为随形子石，腹部明显微洼并残留有色颜料痕迹，整体形制朴素自然，古韵十足。

战汉时期·粉砂和泥质岩制磨器

直径 14.5 厘米，厚 2 厘米

　　研磨器由研盘和研棒（研石）组成，是石器时代的一种工具，大小规格不同，用途各异：有的用于研磨粮食；有的研磨药物；有的用它研磨有色石灰石颜料进行涂绘。这是砚的雏形，可谓"原始砚"。发展到战国、两汉时期，书写文字的砚基本定形，然而墨丸必须借助研棒（研石）研磨。直至东汉末年手持墨锭产生，废弃了研棒（研石）。可见砚的发展与墨的改进密切相关。该研磨器是以粉砂和泥质岩所制，石色紫赤，包浆莹润。研作圆形，研面平整，阔绰实用，研底凿石毛面，不加修饰，周边切割规矩，线条圆融，相得益彰，岁月沧桑，可见一斑。

秦·砖改制砚

长 36 厘米，宽 16.5 厘米，厚 4.8 厘米

　　以砖瓦改制砚，始于隋唐，盛于明清。这方秦砖长方偏长形，刻变形花纹，椭圆形砚膛，膛唇随花边凸起，形成环渠，曲线圆润，攻琢精美。其质地坚密，肌理细润，发墨好，不损毫。颜色灰白中泛青黛条纹，砚一侧印有图案，另一侧有"纪年款"，惜年久剥蚀，难以辨识。砚整体形制端庄，浑朴方正，构图生动，气度不凡，是一方不可多得的具有深厚文化底蕴的砖砚。

汉·宜官款庙前洪歙石板砚

长 14 厘米，宽 5.5 厘米，厚 1 厘米

砚为庙前洪石，色暗红，微泛紫晕，呈土红颜色，质地莹润，凝重，内含微细银星，铺天盖地，凝结金晕，显而易见。研石结构为板房岩，符合实用，不失气度。原配研棒（研石），亦中规中矩，极为精致，且在上面刻缪篆"宜官"二字，端庄素雅。汉代纪名砚具极为珍稀。

三国两晋南北朝

魏晋·天圆地方台坛式陶砚

上直径 11.5 厘米，下直径 17 厘米，厚 6 厘米

砚系灰陶质，色正质细，以压模法制之。砚作天圆地方台坛式，砚面正方，中央平开圆形砚池，其周边隆起，口唇外翻，四角饰以鸟纹。砚体方形，上小下大有坡度，呈台坛式。因古人跽坐无桌，砚身较高，便于使用。砚四周坡面上下边沿饰以两排鼓钉纹，大小一致，排列整齐，其中间饰以云纹。此砚形制简洁明快，法度严谨，匀称规矩，古朴典雅。砚因入土年久，土浸斑驳，色泽斑斓可观。

魏晋南北朝·三角梨形陶砚

长 13.5 厘米，宽 10.5 厘米，厚 4.5 厘米

砚系硬陶质，色青灰泛土黄，质坚紧硬实，叩之发声，用之好于前世
陶土砚。砚作三角犁形，立意清新，别具一格，线条构图疏朗有致，简明
扼要，意在勤耕。

南北朝·四足花池石质岩石砚

长 21.5 厘米，宽 12 厘米，厚 4 厘米

砚为石质岩石，色青灰，映光可见银白细粒闪烁，石坚密，砚堂久用，滑润而微凹，砚首深挖花形墨池，砚边缘以及砚堂与墨池之间均刻有阴线，砚底毛面，留凿痕，四角设方形四足，四侧粗雕对称花纹。长方形砚式和方形四足以及朴拙的艺术装饰，南北朝时期已经开始流行。此砚做工符合当时的风格。

南北朝·天保铭琅玡石砚

长 17.3 厘米，宽 11.7 厘米，厚 4.7 厘米

　　砚系琅玡石，出自山东费县岐山涧，藏于水底，取之不易。相传王羲之曾以其石治砚。苏轼在信札中赞其曰："石黑如漆，温润如玉；金星遍布，有大如豆者，细致发墨，叩之有声，制砚之上品也。"此砚色乌黑，湿微现紫，质坚莹润，有金星闪现，叩之钟声，发墨利毫。砚作上圆下方，淌池式，池内浮雕一立鹤，曲颈回首，呈静观姿态。上端砚缘饰二龙戏珠纹，两侧砚缘线刻回纹，规范流畅。砚底布四圆足，刻"大魏兴和二年造记"，旁钤"天保之印"。

唐

代

唐·歙石箕形砚

长 16.5 厘米，宽 9.5 厘米，厚 2.5 厘米

　　唐代箕砚形状丰富多彩。砚取上好的歙石，砚前窄后宽，前低后高，前端圆，后端半圆，砚面斜坡状，砚底设二长方足，砚体石箕形、砚圆头内侧线刻莲花瓣纹，而周边砚缘上阴刻细线饰之。整体造型简洁明快，朴素典雅，为唐代最典型砚式。

隋唐·青蛙足橙黄釉辟雍砚

直径 13.5 厘米，高 6 厘米

　　砚施橙黄釉，作辟雍式，砚堂隆起不施釉，周边环渠，外边缘缀以十三支鼓钉，而边线下方设十三支青蛙足，布局得当，雅致稳健。砚为殉葬冥器，未曾用过。

唐五代·石末抄手砚

上宽 10 厘米，下宽 11.5 厘米，上厚 3 厘米，下厚 4 厘米

砚以石末烧造而成，鳝鱼黄、纯正亮丽、质坚紧、滑润。叩之发声，发墨极佳。砚作淌池抄手式，上窄下宽，前低后高，四周内敛，砚背平素毛面。这方石末砚选材佳，做工精，古朴实用，端庄素雅。

石末砚出自山东青州，其制砚始于唐代。柳公权重石末砚，认为石末砚不亚于澄泥砚。其生产过程复杂，传世特别稀少。

唐·如意池石末砚

长 22 厘米，宽 13 厘米，厚 7.5 厘米

唐朝是我国历史上最富强的时代之一，文化发达，砚文化跨入了全盛时期。砚的品种空前增多，山东青州石末砚亦始制于唐盛于宋，明代已不多见。其制造工艺与澄泥砚相类似，相当复杂，至明后期失传绝迹。唐询在《砚录》中说，石末砚是"士人取烂石研澄其末，烧之为砚"，其质地比澄泥坚硬。唐代大书法家柳公权特别重视石末砚，称赞石末砚不亚于澄泥砚。本砚作长方形，平底砚堂上方琢直立如意头，利用其倒影巧作如意墨池，砚堂、墨池宽绰有度，实用美观。其砚形制奇特，立意新颖，工简明快，古拙典雅，是一方不可多得的文房佳器。

唐·桃形黑端砚

长14厘米，宽4厘米，厚2.5厘米

砚为黑端，亦称"墨端"。色乌黑，湿显紫晕，质细润，酷似墨玉。叩之无声，掂量压手，发墨如油，可谓奇材。清陈龄《端石拟》："黑端间青花，水坑中洞下岩之石，质极软嫩，细润如玉，其色青黑而带灰苍，湿则微紫，谓之黑端。"此砚为卵石，扁平状砚面平整，使用年久，磨痕明显，砚顶端有一系孔，可以悬挂。砚古朴浑厚，了无装饰，从中可以品味出一种高尚的境界，一种简约美的升华。原配叶形木盒，盖中间嵌双桃红碧玺饰之。

唐·银龟小砚

长 8 厘米，宽 5 厘米，厚 2.8 厘米

龟砚，早在汉代就有，唐代较多见，多为石陶质。龟属瑞兽，通神灵，寓意长寿。这方小银龟砚，制作简洁精致，小巧灵性，生动而实用。池内尚留有宿墨痕迹。其质珍贵，故不多见。

唐·李阳冰等二人铭龙岩端砚

长 12 厘米，宽 7.5 厘米，厚 3.8 厘米

以端溪龙岩石治砚始于唐武德年间，宋叶樾认为："龙岩盖唐取砚之所，后下岩得石胜龙岩，龙岩不复取。"龙岩所处砚坑上层石，属山岩，性干质硬，发墨不及下层岩石。此龙岩石砚，色深紫，纯净，质细润，且有一高眼，豆绿圆晕，可谓同类石中佳品。砚作长方，古拙厚重，砚堂浅平，久用显凹，朵云墨池深浅适度，其周围浅浮雕云龙戏珠图纹，精雕细刻，生动流畅，所刻龙纹符合时代特征。砚右侧有李阳冰篆书铭："端溪之口有异石，马大江高七十尺。"旁刻："大唐乾元二年二月李阳冰书。"其左侧有松，朱熹铭："温柔之性，敦厚之姿。"旁刻："大宋淳熙元年朱熹。"下钤"朱"字小方印。

李阳冰，谯郡人，字少温。官至将作少监。工篆书，当时名气十足，谓其书不减李斯。

朱熹，字元晦，一字仲晦，人称紫阳、晦庵，自称云谷老人，也曰晦翁，自号沧州病叟。宋代著名学者，通称朱子。

唐·水波纹歙石砚

直径 17 厘米，厚 2.5 厘米

　　砚为水波纹歙石，出自婺源龙尾水溪，色青绿泛黄晕，质莹澈细润。石上波纹横细，疏密有致，银光熠耀，宛如清池涟漪，随风灵动，饶有情趣。此石在盛产歙石的两宋时期都不多见，其珍稀程度可想而知。砚作圆形，外侧内嵌呈盘状，周边有环渠，砚堂隆起与砚缘持平，类似辟雍形制，受墨处因研磨年久，明显低凹。整体造型简练朴素，格调高雅，色浆古厚，宿墨斑驳，文化内涵丰富。附红木底座，添砚之风采。

唐·银质箕形砚

长 11.4 厘米，前宽 4 厘米，后宽 7.1 厘米，厚 3.2 厘米

砚银质，作箕形。砚首窄圆而高跷，尾端宽而弧状，砚侧至砚面弧形过渡，砚堂、墨池融为一体，砚底设台体双足，造形疏朗，简洁流畅，挺拔圆润，朴拙典雅，当为唐早期典型箕形砚。古代金银器是皇室贵族的"当利"，由此推论此器出自官宦人家。

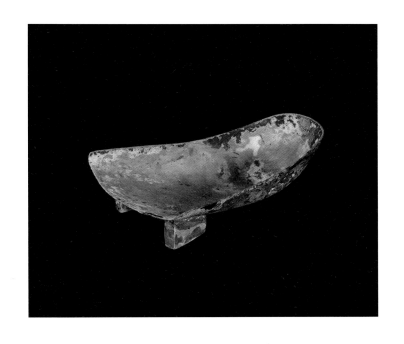

唐·多足滑石砚

直径 12 厘米，厚 5 厘米

这方唐代多足砚是以滑石为之，滑石当时有"软玉"之称谓，属单斜晶系，鳞片状或致密块状集合体，其质紧密细润且具滑腻感，通常由富含镁的岩石经变质而成。其色淡绿，肌里矾白，玻璃光泽，解理面呈珍珠光泽。滑石可入中药，属贵重石材，以其制砚实属罕见。砚作朱砚，朱墨痕迹斑斓，包浆古厚。此砚形体不大，挺拔、秀丽，为唐代多足砚标准制式。

宋

代

宋·金星水波纹如意池歙石砚

长 23 厘米，宽 14 厘米，厚 4 厘米

砚为龙尾石，色青黑微泛灰，质坚细温润，水湿可见金星满布，而砚背纹理宛如银波水浪河中荡漾。砚作为长方浅抄手式，砚首琢如意池，深而宽阔，其边沿隆起，上刻阴线饰之。砚堂原本平整，因久研显凹，其周边三面设围栏，上亦刻阴线，下端持平无围栏。覆手正中央阴刻一"云团纹"，不解其意。其砚形制，纹样简洁，线条流畅自然，极为实用美观。

宋·绿洮河石天砚

长 21 厘米，宽 16.5 厘米，厚 5 厘米

　　洮河石有红绿之分，该砚系绿洮子石，年久色绿泛黄，石上缀以青黛斑纹，有"黄膘带绿波"之名。该石品为石洮砚之珍——"绿漪石"，古称"鸭头绿"。其质细润如玉，利墨宜毫，为洮石佳品。"天砚"，贵在砚池得成相，以实用为第一要素。此砚池堂低洼，开阔实用，古朴凝重，天成砚相。洮河石砚为"四大名砚"之一，出自甘肃省甘南藏族自治州临潭县（古称洮州）临洮支流洮河水底，取之艰难，而子石尤为难得。

　　宋代赵希鹄在《洞天清禄集》中云："除端、歙二石外，惟洮河绿石，北方最贵重，绿如蓝，润如玉，发墨不减端溪下岩。然石在临洮大河深水之底，非人力所致，得之为无价之宝。耆旧相传，虽知有洮砚，然目所未睹。"赵希鹄这样的大作家都没见过实物，可见洮砚何等珍贵。清乾隆时期《钦定四库全书》中洮河砚被列为国宝。

宋·刷丝罗纹歙石天砚

长 24 厘米，宽 15 厘米，厚 5 厘米

　　砚系歙石，刷丝罗纹品种，色青碧略泛灰，莹润清澈，表里一致，质坚细腻，因久埋地下，表层受浸严重，蚀斑累累，浸色土黄。砚面受墨处久用显凹，并残留有朱墨痕迹。砚周边为自然形状，砚低平坦，天成毛面。本砚纯属天然造就，故名"天砚"。关于"天砚"之说，源于北宋，据《苏轼文集》记载，苏轼少年"与群儿凿地为戏，得异石，如鱼，肤温莹，作浅碧色……试以为砚，甚发墨"。其父苏洵称之为"天砚"。另《端溪砚谱》中对"天砚"有注"东坡尝得石，不加斧凿以为研，后人寻岩石自然平整者效之"。于是"天砚"作为一个砚种流传了下来。

宋·歙石抄手砚

长 18 厘米，宽 10.2 厘米，厚 3.5 厘米

　　砚为婺源龙尾石，出自水溪。其色青黑，莹晶凝重，其质正如蔡襄诗中所云："玉质纯苍理致精，锋芒都尽墨无声。"砚作抄手式，砚面平素，砚首深挖，椭圆形墨池，深浅适度，美观实用。

宋·雁鸟形澄泥砚

长 15.5 厘米，宽 9 厘米，厚 3 厘米

砚以山西绛县产澄泥所制，质坚密细润，色呈熟栗皮，早期鳝鱼黄，莹洁沉净，为珍稀之材。砚作雁鸟形，以其腹部雕作砚堂，以其颈部琢为墨池，设计巧妙，相得益彰，古拙实用且具灵性，非制砚大家而不能为。

雁为随季节迁徙的候鸟，秋去春来，飞时自行成列，被视为"灵鸟"。古人用雁足传递书信，不是神话，"鸿雁传书"，可谓智慧之举。

宋·桃形石末砚

长 15.5 厘米，宽 10 厘米，厚 2.5 厘米

　　这方桃形砚切割自然，半工半璞，宛如天成砚，又如板平砚，古拙清雅，可赏可用，可遇不可求，珍稀可爱。原装漆木盒盖上镶嵌铜狮，神奇灵动，古气厚重。

　　石末砚产地为山东青州，其烧造工艺十分复杂，故唐代有之，至南宋渐渐绝迹。

宋·汉瓦改制砚

长 18 厘米，宽 12 厘米，厚 2.5 厘米

　　这方宋砚以汉瓦改制，色青灰，莹洁纯正，质坚细润，利墨益毫。此汉瓦并非普通民用建材，而是皇家宫廷建筑用料，入砚后昔人称其为"砚之神妙，无不兼备"。这方瓦砚裁切规整，沉稳厚重，周边起缘线浅而有度，规矩流畅，为砚添加了灵性。砚面因久用显光洁滑润，所沉积的宿墨斑迹随处可见。整体古拙大气，形制俱佳，气息高古，令人爱不释手。

宋·淌池石末砚

长 12.5 厘米，宽 5.5 厘米，厚 2.2 厘米

砚色青黛，微显褐黄，色相沉静，质坚，浅露锋芒，发墨快捷，笔墨相宜。砚作椭形，淌池式，砚额阴刻水波纹饰，端庄实用，美观清爽。原配紫檀木盒，盒底设椭圆形四足，工亦精巧。

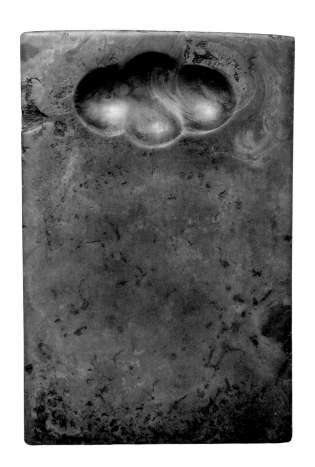

宋·长方形平底花池红丝石砚

长 14.5 厘米，宽 9.3 厘米，厚 2 厘米

砚为红丝石，出自山东益都县以西的黑山，因石上有红丝萦绕，故名红丝石。历史上最好的红丝石，近似猪肝色，缀以质黄刷丝纹，其质坚嫩润，细腻如膏脂，软硬适度，发墨如泛油，即使小块也极为难得，可谓稀世之瑰宝。本砚色泽、质地如上所述或者说比较接近，这般石品的古砚较稀少，宋以后难得一见，十分珍贵。砚作长方形、平底，花池，砚面平素无饰，砚堂宽绰有度，实用大气，是一方不可多得的文房赏用之器。

宋·龟背纹歙石砚

直径 21 厘米，厚 6.5 厘米

砚为歙石子石，色乌黑，莹润纯净，质坚密细润。砚底砚侧缀以大小不等的纯粹金星颗粒，而砚面满布青黛龟背纹，线条清晰，具凹凸感。石之纹理实属罕见，堪称妙品。砚随石作钵盂状，砚面自上而下向内倾斜，呈低洼势，砚边沿上扬内翻，自然构成砚缘，砚底随形平坦，却稳当有加。砚之形制敦厚圆润，简洁古拙，琢磨工致，制作匀称，半工半璞，贵在自然。

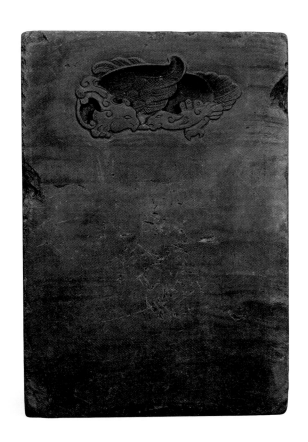

宋·紫地眉纹双凤池歙石砚

长 19 厘米，宽 13 厘米，厚 3 厘米

砚为婺源龙尾石，紫地砚面上缀以佳人长眉状纹饰，成双成对，纤细成簇，色泽青黛，匀净精绝，布以点点微细银星，映光灿烂辉动。其色调酷似紫端，其质地宛如玉石，略带锋芒，发墨极佳。据传 如此品质的歙砚，唐宋时期有之，宋之后已不见。再看其做工，砚取带墨池砚板形制，除在砚首雕"双凤池"外，全身持素以利赏其精绝肌理纹彩，而又不失实用。细观其周边切割形状，可见微微内敛，含宋砚之风。

宋·猿面池歙石砚

长 16 厘米，宽 12.5 厘米，厚 2 厘米

砚为婺源龙尾石，色青碧带紫气，质坚柔润细腻，砚面缀以水波纹，背面满布犀角纹，正反两面都有金银晕，石材之精美，实属罕见。砚作平底，猿面池，砚堂与墨池以砚冈隔开，而砚周边翻卷自然，构成宽边砚缘，并起阳线围之。整体结构疏朗，线条流畅挺拔，其形制简洁独特，结构舒展大方，雕工娴熟精到，至可爱。原配木盒，工亦精到。

宋·鳖地红斑歙石砚

长 11.5 厘米，宽 9.3 厘米，厚 2.3 厘米

砚为歙石，出自婺源龙尾山水坑洞，色泽亮丽，质地湿润细腻，叩之发声，软硬适度，发墨尤佳。砚形似马蹄，自然天成。砚底平坦，砚面微洼，周身持素，边侧内敛，颇具宋砚特征。质地、色泽、纹饰独特，藏家偏爱有加。

宋·鱼子金银星歙石太史砚

长 15.5 厘米，宽 9 厘米，厚 3 厘米

砚系婺源龙尾石，色青黑，质细润，石上布满金银星，有的部位则成晕。其硬度略高
于普通歙石，玉感较强。砚作太史式，简洁古拙，实用大方。

宋·犀牛望月歙石砚

长 23.5 厘米，宽 15 厘米，厚 2.5 厘米

砚系婺源龙尾石，色青黑，表里一致，质坚细润。石上满布银白刷丝纹，路道笔直，疏密有致。古人云："龙尾刷丝纹，朱润玉质，天下砚石第一。"砚作长方形，砚堂平坦，开阔，变黑处久研微凹。砚首琢"犀牛望月图"，浮雕犀牛肌骨刚劲、体态舒展、毛发清细、扩目抿嘴、跬足奔月，神态浑朴可爱。此砚石好，块头大，刀法娴熟，意趣颇佳，为难得之文房佳器。

宋·米氏家藏山子形红丝石砚

长 28 厘米，宽 25 厘米，厚 5.5 厘米

　　这方红丝石砚，色彩质地比较特殊，在猪肝紫色地子上满布灰黄丝纹，其质略细于其他红丝石，正如石可《鲁砚》中所言："与墨相亲，发墨如泛油，黑色相凝如漆，真是稀世之瑰珍。"砚随石作"山子形"，浅开随形砚堂，深挖花形墨池，堂池阔绰有度，深浅得当。工简朴素，美观实用，刻工苍劲，形体自然。砚背阴刻"米氏家藏"四个大字，刚健苍劲，笔力不凡。

　　人云"米氏家藏"乃"米芾家藏"。缺乏证实材料，俟考。

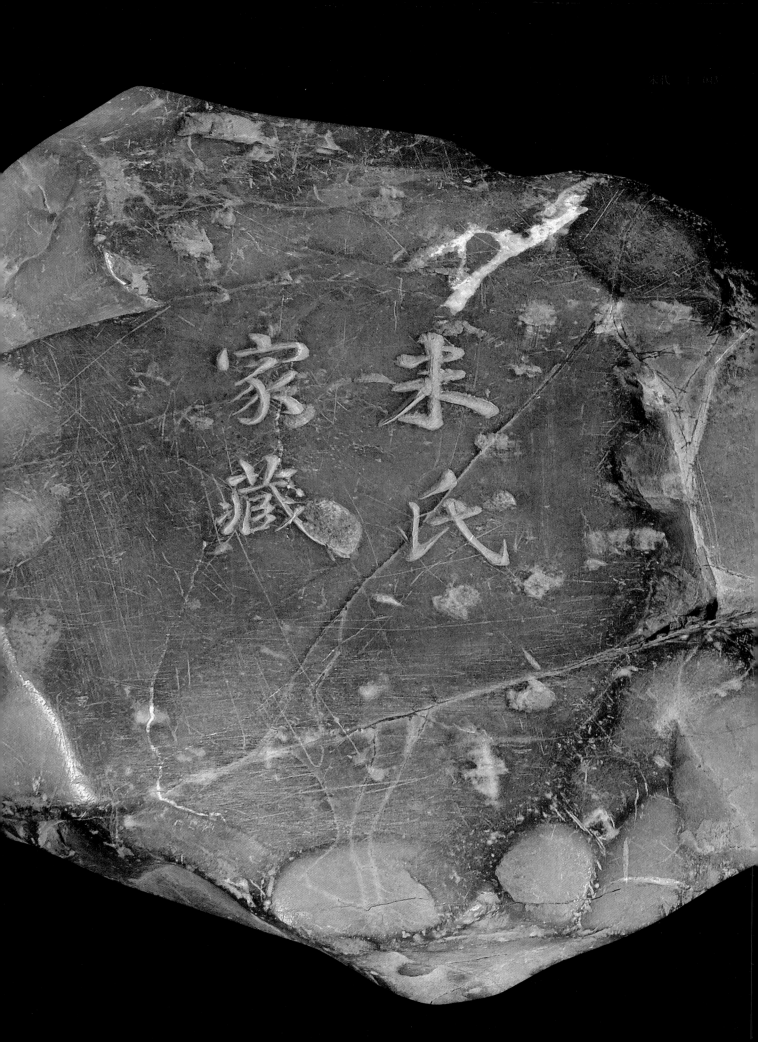

宋·圆形黑端砚

直径 11 厘米，厚 3.5 厘米

砚系黑端，又称"墨端"。清陈龄在《端石拟》中云"水坑中洞下岩之石，质极软嫩，细润如玉，其色青黑而带灰苍，湿则微紫，谓之黑端"。另据《古砚辨》中说，黑端"下岩坑石，黑如漆，润如玉，叩之无声。下岩旧坑另一种卵石去瞠方得之，色青黑，细如玉，此二品南唐时已难得，至庆历间坑竭"。此黑端砚，色青黑微泛紫晕，其间"若有萍藻浮动"，质坚莹润，细腻如玉，叩之无声，磨墨也无声，下墨、发墨双优，实为名稀之材。砚体扁平圆柱状，无雕饰纹样，类似汉前研磨器。砚两面兼用，均留有朱墨痕迹。其风格简洁朴素，清丽典雅，符合唐宋审美观，殊为藏主所钟爱。

宋·鹅形银箔纹（龙尾）子石砚

长 13 厘米，宽 11 厘米，厚 3.5 厘米

砚为龙尾石，出自婺源龙尾溪中，石上有银箔纹，背面尤显。砚呈鹅形，除眼睛是刻画的，其他没有一处动刀，完全是天然造就，可谓"奇迹天工"。砚以鹅身为砚堂，因久研磨光滑且微洼，文化内涵厚重。其砚形体奇特，石品精绝，妙趣横生，是一方难得一见的石砚。

宋·朵云池庙前青歙石砚

长 19 厘米，宽 16.5 厘米，厚 3.5 厘米

砚为庙前青歙石，色青泛淡灰，莹润清澈，质坚幼嫩，颇为细腻，宛如玉质，手感尤佳。内含金星，水湿显现，可谓同类石中极品。砚为子石，随石作朵云池，浮动的云层翻卷起伏，自然形成砚池，美观实用，充满动感。其形制别致，厚重浑朴，半雕半璞，生动自然，石质绝佳，做工精巧，实为罕见之器。

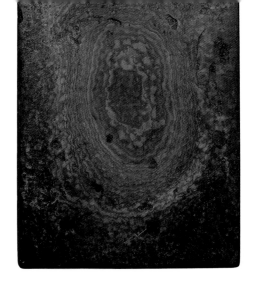

宋·龙麟纹歙石砚板

长 18 厘米，宽 11 厘米，厚 2.2 厘米

砚为歙石，色褐黄，莹晶、质细、润泽，发墨颇佳。在褐黄地子上满布鳞片，大小不一，厚薄不同，色相沉静有折光，具变幻。歙石属板层岩，此砚纹理表里不一，富变化。龙鳞纹歙石实属珍稀品种，殊为少见。砚作长方，板平式，切割中规中矩，砚堂久用微洼，四侧略显内嵌，具宋砚风范。这种文房绝妙之器，有缘得之，实属幸运。

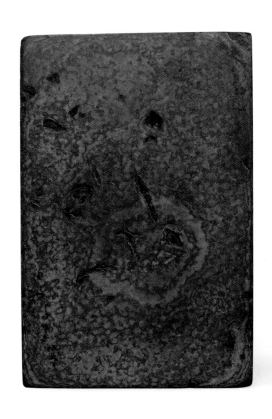

宋·鳝鱼黄澄泥砚

长 31 厘米，宽 13.5 厘米，厚 6 厘米

砚为山西绛县澄泥质，色呈鳝鱼黄，沉净无瑕，质坚密细腻，莹润宜墨。砚作长方形，门字式，砚堂中央微洼，墨池深凹，堂池相交，阔绰实用。砚冈雕琢圆秀挺拔，自然流畅。周边砚缘高出砚面，上端及两侧较宽，下端狭窄，转弯处内外均作倭角，线条舒展、率性洒脱。砚背长方宽带覆手，低浅纵贯，其内外亦作倭角，稳重大方，覆手内方正平整，有剥蚀痕迹。此砚，体大尺盈，敦实厚重，做工严谨，颇具神态，形制简约，格调高雅，当属宋著名砚师之作。

宋·蝙蝠池梅花坑端石砚

长 28.5 厘米，宽 19 厘米，厚 5 厘米

砚石出自梅花坑，位于高要羚羊峡以东沙浦典水村附近，所以古人亦称"典水梅花坑"，其治砚始于宋代。梅花坑石以石眼多为特点，而石上缀以梅花点者为最佳。其质地与宋坑石接近，以下墨快、发墨益毫为贵。本砚色青紫，略微泛灰，莹净清白，质坚润泽，周身满布梅花点，大小不一，斑斓可观。砚作长方形，平底毛面，四侧内嵌，砚面平整，砚首深琢蝙蝠墨池，琢痕累累，不加修饰，却不失蝙蝠昂首展翅之威武神态。砚的整体造型，简洁淳厚，端庄大气，刀法遒劲粗犷，古朴别致，磨砺年久，古气芬芳，实为文房之重器。

宋·鱼化龙纹蟹壳青澄泥砚

长 31 厘米，宽 21 厘米，厚 5 厘米

"鱼化龙"池澄泥砚，胎骨坚硬，质地润泽，构图完美，雕工精细。砚池落潮处，一条鲤鱼跃出水面，具气吞山河之势，其间衬以火云纹，鱼龙变化与之相呼应，格调高雅，寓意深远。"鱼化龙"亦称"鲤鱼跳龙门"，是中国古代传统纹样之一。据《三秦记》载："龙门山在河东界禹凿山断门一里余，黄河自中流下，两岸不通车马，每暮春之际，有黄鲤鱼逆流而上……自海及诸川，争来赴之。一岁中，登龙门者不过七十二。初登龙门，即有云雨随之，天火自后烧其尾，乃化为龙矣。"故此纹样又寓意金榜题名，时来运转。此方澄泥砚，形制规整，古朴大方，无论材质、样式、做工，均属宋砚典型之器，充分体现了宋代制砚的高超水平，实用性强，玩味亦浓。

宋·鱼化龙池宋坑端石砚

长 25.5 厘米，宽 17 厘米，厚 3.5 厘米

　　砚以宋坑端石为之，其色近似猪肝紫，而质坚密柔和，发墨颇佳，优于他石。石上有胭脂火捺、猪肝冻及微尘般金星点。砚作门字式，砚堂阔绰，受墨处久研低洼。砚额浮雕"鱼化龙"图纹，刀法层次分明，形神兼备。"鱼跃龙门"寓意喜庆成功。汉辛氏《三秦记》云："大鱼薄集龙门下数千，不得上。上则为龙，不上者鱼，故曰暴腮龙门。"此砚无论材质、形制、做工均为上乘，且形体硕大浑厚，当属名石大砚，备受当时社会青睐。

宋·平底花池玫瑰紫澄泥砚

长 30 厘米，宽 24 厘米，厚 3 厘米

　　澄泥砚是由陶砚发展而来，其工艺源于秦汉时期建造宫殿的砖瓦，石可《鲁柘澄泥砚》中说："唐代的澄泥砚，是有所改进的陶砚，因为它是用澄过的陶土成型的，故称之为澄泥砚。"澄泥砚制作以宋代最为突出，并被收入"四大名砚"之列。

　　此砚为澄泥所作，通体为玫瑰紫色，略微偏淡，尤显素雅。其质地坚实细腻，温润如玉。玫瑰紫为澄泥砚中的名品，发墨不亚于端、歙二石。这方形体硕大的澄泥砚，做工简练朴素，粗犷雄健，线条饱满，错落有致，既符合当时花形池堂砚式审美观，又不失厚重大气。形神生动之气韵，充分反映出砚工高深的制砚艺术。

宋·桃形洮河石砚

长 32 厘米，宽 25.5 厘米，厚 3.5 厘米

砚为洮河绿石，色绿泛青蓝，古称"绿漪石"。石上有黑花、黄膘及绿波纹等，色泽淡雅，纹理秀丽，其质坚密莹洁，湿润细腻，利墨利毫，倍受社会关注和文人钟爱。清乾隆《钦定四库全书》中，洮河砚被列为国宝。

砚随石做桃形，昔人以桃喻人，由来已久，桃形或桃池砚是宋代常见的一种砚式。此砚桃形硕大，广开平坦砚堂，宽敞实用，中间因久用略显低洼。砚首深挖花形墨池，舒展开阔，利于蓄墨。砚尾琢两片桃叶，左右飘附，线条挺拔，布局得当，而砚周边的过渡，圆滑柔和，曲折流畅。其整体工简精巧，匠心独具，随石寥寥数刀成就了这方桃形砚，而且整器契合完美，有形有度，颇具神态，更难能可贵的是此砚形体硕大，长达尺余，宽过半尺，又因石出洮河水底，实属不易。宋代著名作家赵希鹄在《洞天清禄集》中云："除端、歙二石外，惟洮河绿石，北方最贵重，绿如蓝，润如玉，发墨不减端溪下岩，然石在临洮大河深水之底，非人力所致，得之为无价之宝。耆旧相传，虽知有洮砚，然目所未睹。"当时连这位大作家都未见过实物，可见洮砚有多么珍贵和稀罕。这方大砚石好、工好，包浆丰满，宿墨累累，文化内涵厚重，可谓传世古砚之珍品。

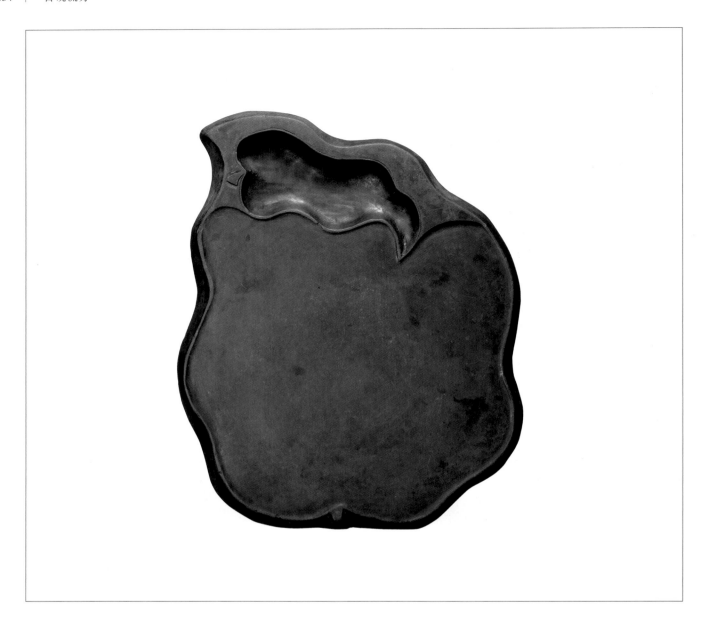

宋·枫叶池端石砚

长 36 厘米，宽 27 厘米，厚 4 厘米

　　砚为宋坑石，色若猪肝，莹晶清澈，质细湿润，利墨宜毫。石上缀以微细金星及颗粒状珊瑚石眼。砚做双枫叶形制，大叶为砚堂，小叶为墨池，两叶周边起阳线，自然构成堂池边沿，其线条流畅，秀劲挺拔。此砚以块度大、完好无损为贵。其造型端庄素雅，颇具巧思，刀法雄浑，恢宏大气，当是文房之重器。

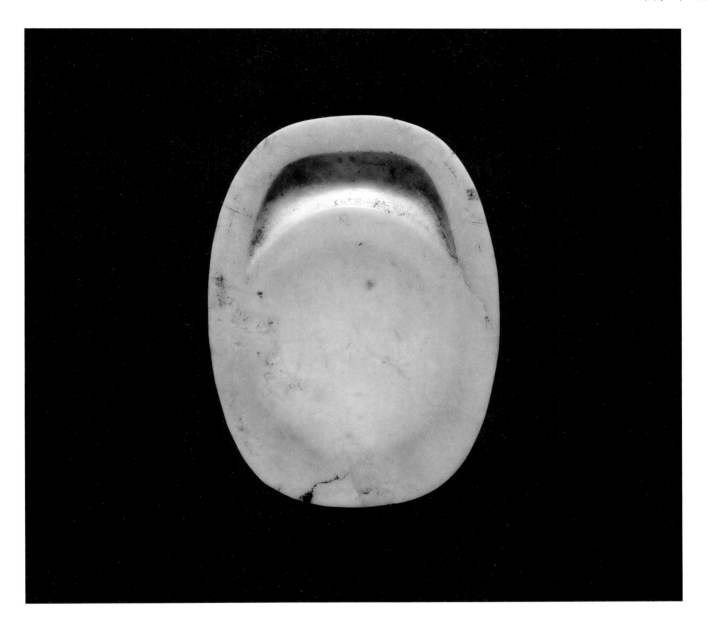

宋·新月池白端砚

长 10.5 厘米，宽 7.5 厘米，厚 1.5 厘米

砚为白端石，象牙白色，莹晶细润。砚作蛋圆形，浅薄四
足，砚面平整，受墨处久用，微洼，砚首开新月池，深浅有度，
且留有朱墨痕迹，其色浆湿润，文化内涵丰富。

宋·长方形鳝鱼黄澄泥砚

长 27 厘米，宽 18 厘米，厚 4.5 厘米

砚为绛州澄泥质，鳝鱼黄品种，色泽纯正，莹洁清澈，质地坚密细润。砚作淌池门字式，落潮处起伏微妙，秀丽圆浑，砚堂宽绰。墨池深度颇为实用，充分体现了宋人"唯用为上"的制砚理念。其造型简洁明快，端庄大度，浑厚凝重，古朴素雅，实为文房案头清供大号佳砚。

宋代山西绛县烧造的澄泥砚，达到了顶峰，全面胜出"唐人品砚以为第一"的河南虢州澄泥砚，并且不亚于端、歙二石。明代陈继儒在《珍珠船》中称赞此种砚有"一匙之水，经旬不涸；一洼之墨，盛暑不干"特性。澄泥砚"出之于水，成之于火"，其制造工艺特别复杂，需要长达一年多的时间，得之不易。其色泽有朱砂红、绿豆沙、鱼肚白、玫瑰紫，最出彩的是鳝鱼黄。绛州澄泥砚作为"四大名砚"之一，名符其实。

宋·徐公石天砚

长 18 厘米，宽 13 厘米，厚 6 厘米

　　砚为徐公石，属鲁砚的一个品种，出自山东沂南县徐公店村砚石沟。以其为砚始于唐。相传是唐人徐晦经州府"选格"被"选解"赴长安"冬集"（赶考），路经沂地见路旁沟中一片美石，形色喜人，试磨成砚。是年"冬集"，因天寒众举子砚墨结冰，皆不得考，唯徐晦砚墨如油，考场应试如鱼得水。得主考官杨凭赏识，极力推荐，徐晦状元及第，官至礼部尚书。七十岁退休居得砚之地，时人尊称徐晦为徐公，该地亦渐名为徐公店，其砚石也名为徐公石。

　　据《临沂县志》记载："临沂县城西北七十五里，徐公店产石，其形方圆不等，边生细碎石乳，天然成砚。"此石系玄武岩，由地下岩层风化所至，石独立成块，多为扁平状，两面四周均有明显纵横纹理，色调自然，有绀青、鳝黄、蟹青、茶绿、以及柚红、绀色，有的诸色相聚于一石，光彩艳丽。其质幼嫩细腻，叩之如磬，晶莹似玉，下墨快，发墨好，系制砚佳材。唐宋时期就享有盛名，宋晚期曾停采，故传世稀少。

　　该砚蟹青色微泛褐晕，并缀少量黛斑块，而且有微尘般金星，隐约其中。色彩雅致，清丽华贵，质地细腻娇嫩，呵气凝露，下墨快，发墨佳，乃徐公石中之极品。砚为随形子石，砚面砚阴皆平坦，砚池微凹，浑然天成，颇具天砚特征。砚侧年久形成风化纵横层纹理，长短不等，参差不齐，错落有致，古雅之至。其形制古拙素雅，老成厚重，端庄实用，别开生面，是一方难得的"天砚"。

宋·思深斋双叶池石砚

长 22 厘米，宽 16 厘米，厚 7 厘米

砚为鱼子石，色青黑泛褐黄，质莹洁润滑，砚面满布褐黄色鱼子纹，美观亮丽。砚首深挖双叶池，砚堂平整，开阔大度，厚重实用。砚上侧阴刻行书"思深斋"三个大字。右侧镌行书"应图求骏马，惊代得麒麟"，旁镌"岁在庚申"。左侧镌刻"古史散左右，诗书置后前"，旁镌"仲夏之吉"，亦行书。铭之内容气魄恢宏，格调高雅，书法字体疏朗，圆秀挺劲，洒脱自然，用刀精到，风采飘逸，当出自大家手笔。惜未留名，"思深斋"属何人俟考。

宋·鹏飞款紫地彩带歙石砚

直径 18.5 厘米，厚 3 厘米

砚为紫地彩带石，出自婺源龙尾石水溪，色晕若端，质润如玉。在紫色地子上缀以半金黄半漆黑彩带条纹，横贯砚面，宽窄不等，密集平直，色泽清丽。局部还有大大小小银星浮现，宛如雪花空中飘扬，妙趣横生，当为歙石中珍品。砚作圆形，砚堂平整，砚缘凸起，宽而外撇，砚侧周边内嵌，砚底平坦，中间刻"鹏飞"印章。砚质做工简洁无饰，浑朴自然，充分显示了宋砚素雅气质。

程九万字鹏飞，南宋人，淳熙二年（1175）进士。

宋·汪洋跋紫侯环月端石砚

直径 18 厘米，厚 1.5 厘米

砚为宋坑端石，色紫，有青花、"火捺"胭脂晕及细微金星点等，质细润泽，发墨极佳。砚作圆形，砚面琢圆形日月池，二池相连，阔绰实用，美观大方。其做工简洁概括，朴素而精巧，极符合宋砚风格。砚首圆月墨池两旁，分别镌"紫侯""环月"四字隶书。下署"七十三叟汪洋跋"七字行书。题跋书法圆秀挺劲，功力不凡。

汪应辰，初名洋，字圣锡，人称玉山先生，南宋进士，诗人、散文家。

宋·王经方铭宋坑端石砚

长 25 厘米，宽 19 厘米，厚 4.5 厘米

砚为典型宋坑端石，上有金星、胭脂晕及极其珍贵的"金钱火捺"，疑似大大小小的紫气球在空中舞动，妙趣横生。砚取长方圆角形，门字式，落潮处浮雕变形龙纹，生动典雅。整体造型硕大厚重，大气磅礴，宜赏更宜用，诚为大砚中之典范。砚阴平整，上有王经方十二字行书题跋："无千仓，无万箱。遗砚田，种书香。"旁下款署"王经方题"四字行书。铭文书法圆润秀丽，神韵自然，功力超凡。

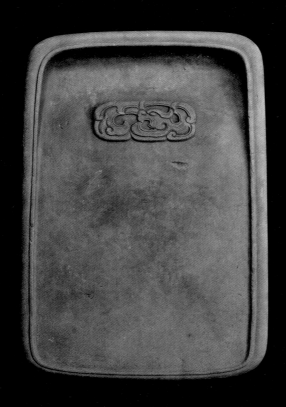

宋·苏东坡铭蟹青澄泥砚

长 13 厘米，宽 8.5 厘米，厚 2 厘米

砚为澄泥质，蟹青色，莹晶润泽，质地缜密细腻，发墨尤佳。砚取瓦砚形制，端庄实用，凸显素雅。砚首有东坡题跋"古砚不容留旧墨，老瓶随意插新花"。下署款"东坡"二字，皆行书。铭文字迹漫漶斑驳，依靠曦光隐约可见。苏东坡善行书，劲秀圆润，神韵自然，自成一体。此砚久经名人使用，摩挲把玩，包浆浑厚，重载文化内涵，诚为古砚精品，十分难得。

苏轼（1037—1101），字子瞻，号东坡居士，眉州（今四川眉山）人，嘉祐二年（1057）进士，是成就很高的文学家和书法家。

宋·懒翁铭石渠秘阁歙石砚

长 22.5 厘米，宽 13.5 厘米，厚 1.8 厘米

砚为婺源龙尾石，色青碧，清澈莹润，发墨尤佳。石上满布波浪纹，层次清晰，自然神奇。砚取"石渠秘阁"形制，造型简洁古朴，做工法度严谨，宜赏宜用。砚首有懒翁楷书铭："其色温润，其制古朴。何以致之，石渠秘阁。改封即墨，兰台列爵。永宜宝之，书香是托。"铭文书法，清瘦疏朗，端庄秀丽，功力超凡，当出自大家手笔。惜铭者不可考。

宋·米芾藏典水梅花坑端砚

长 20 厘米，宽 13 厘米，厚 4 厘米

砚为端溪典水梅花坑石，色紫微带青灰，因临近宋坑，石脉相通，故石上可见金星石品。其质坚细，略露锋芒，故下墨、发墨双优，非他石所能比。典水梅花石石眼多，而眼中有"点"，圆晕秀丽，好于九龙坑的梅花坑石。此砚随石雕古梅一株，树干琢为涵池式，砚堂与墨池相连，深浅有度，端庄实用。砚首镂雕梅枝，其间满饰梅花眼，可谓"上苑梅花早，依依枝条间"。该砚梅花眼多，且眼中有点，十分罕见，并且利用得恰到好处，成为一件颇具欣赏价值的艺术品，而又不失实用，加之曾为米芾所藏，意义匪浅，殊为珍贵。砚左侧上方刻"米芾藏"三字篆书。

米芾（1051—1107），字元章，号襄阳漫士、海岳外史等。曾官礼部员外郎，人称"米南宫"。北宋书画家，能诗文、擅书画，精鉴别。

宋·仿未央宫瓦形端石砚

长 14 厘米, 宽 8.5 厘米, 厚 2 厘米

端石, 色淡紫, 缜密湿润, 光洁细腻, 做工精细, 砚面雕椭圆砚堂, 深浅有度, 美观生动, 砚背雕琢瓦形, 底座线条柔和流畅, 古意盎然, 此砚线条宛转, 色紫浑厚。

宋·叶形黑端石砚

长 15 厘米，宽 11 厘米，厚 2.5 厘米

　　砚为黑端，又称"墨端"石，色黑如漆，略泛青灰，湿则显微紫，质坚凝重，细润如玉，叩之无声。磨墨亦无声，呵气生露，墨汁时久而不耗。黑端为水坑中洞下岩之石，稀少难得。石出唐宋时期，后逐渐绝迹，因黑端古砚存量极少，故显珍贵。本砚随石作叶形，砚面平整，砚首挖椭圆形小墨池，周身持素，古拙实用，清雅恬静，是一方可遇而不可求的文房名器。

宋·紫地鱼子银星歙砚板

长 13 厘米，宽 9 厘米，厚 2.5 厘米

　　砚为婺源龙尾石，紫中带粉红的地子上，满布金黄鱼子纹，其间又有银白云丝纹浮现，红、黄、白三色相映，光彩艳丽，雅致可爱。其表层因入土受浸，略显粗糙，但其肌理不失坚细柔润品质。砚作板式，免伤其石纹，可赏可用，可见砚师用心之佳。

宋·宗正官当黑端阁瓦砚

长 17 厘米，宽 10.5 厘米，厚 2.3 厘米

砚作阁瓦形，砚面两侧坡度较大，砚底瓦形弧度过小，而双墙底足较宽，砚面比较平整，与明清瓦砚形制有所区别。椭圆形砚堂与缺月形墨池相连，周边起阳线，圆润规矩，美观大方。砚额刀刻"宗正官当"四字，笔力苍劲，舒展潇洒。其石色在乌黑的基调上色彩有变化，肌理间融青紫色，并有乌黑间隔条纹，层次清晰，笔直亮白，砚堂研磨处还有金线环绕。其石质为泥质结构，坚密细腻，质若凝脂，叩之木声，磨墨无声，发墨极佳，非他石所能比，当属端溪端石。黑端宋代曾有过，后世已绝迹。

"宗正"，官名，掌管君主宗室亲族事务，是皇族事务机关长官。唐宋称宗正寺卿。明清设宗人府。清代宗人府有左宗正、右宗正，均由贝勒、贝子担任。"宗正官当"即"宗正官书砚"。

宋·固斋铭端石砚

长 16.5 厘米，宽 10.5 厘米，厚 2 厘米

砚为端溪古塔砚，色紫带玫瑰红，色泽变化不一，质坚柔细润，水湿隐约可见微细黑斑或条纹，此乃该石独有特征。发墨佳，实用性强。砚作长方形，砚堂浅平，因久研突显低洼。砚首雕琢"云蝠偃月"池。而砚底背覆内下方浅浮雕山水小景，画面恬静优美，意趣横生。整体设计巧妙，匠心独运，造型简洁典雅，格局高逸。砚背覆上方有固斋题跋"山静如太古，日长似小年"。旁下落款"固斋"二字。铭文书法清劲俊美，功力不凡。

山静如太古日
長似小年
固齋

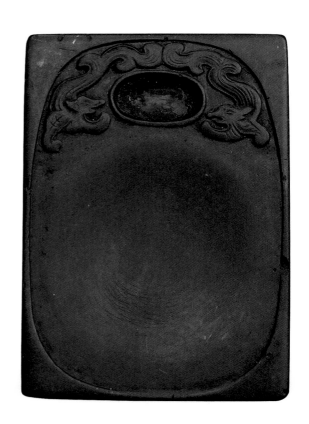

宋·即墨侯紫袍玉带端砚

长 11 厘米，宽 7.3 厘米，厚 2 厘米

　　砚为宋坑端石，色紫若猪肝，质细润如玉，发墨尤佳。上有火捺、胭脂晕、马尾纹，水湿可见萍藻青花，其周围缀以"紫袍玉带"（其色褐黄，而祁阳石多为豆绿）。为宋代端石中优良之材。砚作平底，平开砚堂，深琢墨池，池旁浅浮雕凤凰纹饰。其形体方正，四侧内敛，符合宋砚风格。砚右侧刻隶书"即墨侯"三字，下颏小楷"石虚中，字居默，南越人，器度方员。封此"。唐文嵩《即墨侯石虚中传》中称砚姓石，名虚中，字居默，封砚为"即墨侯"，这一称谓被后人所沿用。

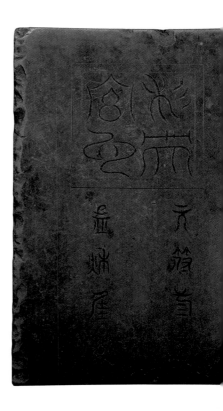

宋·懒翁铭石渠秘阁砚

长 29 厘米，宽 20 厘米，厚 3 厘米

砚以老坑端石为主，质坚细腻，色青紫带赤，润若猪肝。形制仿未央宫瓦式，构图绰约有姿，颇具巧思，形体硕大显气魄，朴实无华，实显曲线之美。砚池上方有竖刻八行铭，砚池左下方款署"懒翁赞"（字迹模糊不辨）。其下钤"藏宝"二字方章。砚背上部方格内刻"未央宫瓦"四个大字。而下方竖刻两行八字"元符三年孟秋佳制"。其铭文书法，笔力秀劲刚健，字体疏朗，神韵饱满、具深度造诣，称得上名家名作。惜铭者不详，俟考。

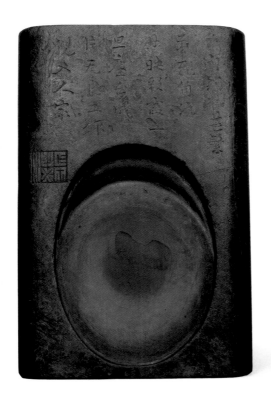

宋·阁瓦形歙石铭文砚

长 22 厘米，宽 14 厘米，厚 3 厘米

　　砚系歙石，青碧色，上有金星、金线、金晕。砚体硕大，莹洁无暇。砚作阁瓦形，砚面隆起，呈瓦状，在中下部开椭圆形砚池，深浅适度，以用为上。瓦样砚幽雅大方，是文人雅士推崇的传统形制。砚首镌行书铭文"□□□□甚繁华，飞□流丹映彩霞。一旦尘台成片瓦，良工作砚入人家"。字迹漫漶斑驳，有的字不可辨认。下钤正方形印记。砚阴中上部钤一印记，惜印文不识，铭者无考。

宋·玉堂铭庙前青歙石砚

长 13.5 厘米，宽 9 厘米，厚 2 厘米

砚为庙前青石，青碧色，润泽细腻，布满金星金晕，属稀少砚材。砚作书卷形，古拙实用，简练素雅。砚额刻楷书"宣和之道"四个大字。砚背微洼，上有玉堂楷书铭"指下先争翰墨功"，下署"玉堂"行书款。

宋·刻诗文庙前红歙石砚

长 16 厘米，宽 10.5 厘米，厚 3 厘米

　　砚为庙前红石，色暗紫泛红，清澈润泽，质呈板层岩，坚细柔和。砚作平底，长方形，
括囊池，造型简洁古朴，实用素雅，符合唐宋制砚风格。砚首刻王维诗句"花落家童未扫，
莺啼山客犹眠"。

宋·银星歙石抄手砚

长 17 厘米，宽 11 厘米，厚 2 厘米

砚作抄手形制，四侧内敛。砚缘同宽，以阴刻花纹饰之。砚池阔绰，实用至上，其色青碧，缀以银星，映光闪烁，古拙清雅。可谓珍稀石材。

宋·蟾蜍池眉纹歙石砚

长 19 厘米，宽 11 厘米，厚 4.5 厘米

砚为歙石，色青碧，泛蓝晕，质坚细润泽，上有珍稀石品——"对眉子"。砚随石制之，砚首圆雕蟾蜍池，刀工简练，形象生动，富有灵性，砚堂开阔，颇为实用。材质好，年份高，是一方可遇不可求的好砚。

宋·金箔纹纯黑龙尾石砚板

长 20 厘米，宽 13 厘米，厚 3 厘米

砚为婺源纯黑龙尾石，色莹润纯正，质坚细腻，温泽如玉，叩之发声，抚之如婴肤，利墨益毫，此乃苏轼所推崇的"纯黑如角者"品种。两面平整砚式，宋有之，称"板砚"。此砚板形体较大，切割工艺随意粗率，自然洒脱，具宋砚板风格且有独特的神韵，充分体现"赏用得当"的沉砚瑰宝之姿。

宋·刷丝罗纹歙石抄手砚

长 18.5 厘米，宽 9 厘米，厚 3 厘米

砚为细刷丝罗纹龙尾石，色淡青，质坚柔细腻，石出宋代龙尾溪珍稀石品。砚作淌池，抄手式，砚堂与墨池连接，起伏有度，过渡顺畅圆滑。砚底挖空，四侧微微内嵌，两墙足平直沉稳，整体端庄秀丽，古拙素雅，为宋砚典型之器，非制砚大师所不能为。

宋·歙黄抄手砚

长 14 厘米，前宽 7.5 厘米，后宽 8 厘米，厚 3 厘米

砚为歙石，色浅黄，略泛青，质坚细，石上遍布细金星，金光灿烂，是歙石中珍贵砚材。砚作前窄后宽拱形抄手式，砚背抄手内留毛面凿痕，朴拙素雅，整体造型端庄稳重，美观实用。

宋·坑子岩端石太史砚

长 15.5 厘米，宽 10 厘米，厚 3.5 厘米

砚为端溪坑子岩石，色青紫泛蓝晕，质嫩细润，上有微尘青花，胭脂晕，火焰青及胭脂火捺。砚背覆内有一石眼，黄绿相间，小而扁，略不及小坑石。砚作太史砚式，太史为古代官衔，故太史砚又称"官砚"。其形制端庄厚重，古拙素雅，实用大气。

宋·紫地鱼子纹歙石太史砚

长 20 厘米，宽 12 厘米，厚 4.5 厘米

砚系婺源龙尾石，色青黑，清澈润泽，质坚密细腻，肌理满载鱼子金花，黄黛相衬，色泽灿烂，珍稀可贵。砚作抄手式，亦称"太史式"，砚首开"一"字池，转折处挺峭，两跗高宽稳健，做工简约古拙，端庄厚重，颇显尊贵典雅。其左跗外侧的伤残为葬俗所致。

宋·银星鱼子纹歙石抄手砚

长 12.5 厘米，宽 6.5 厘米，厚 2.3 厘米

　　砚为龙尾石，色青碧，质坚细，石上缀以鱼子纹与银星点，纹若银河，属珍奇石品纹理，弥足珍贵。砚取深墨池浅抄手形制，实显简练精致，强调实用美观。

宋·子石天砚

长 15 厘米，宽 11 厘米，厚 4 厘米

该砚自砚石到砚池自然天成，青紫色，包浆厚重，温润圆熟。石品待考。

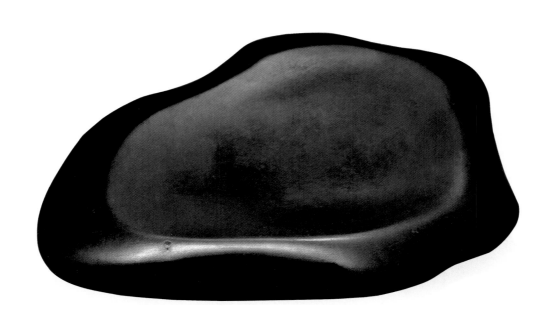

元代

元·太极池子岩端石砚

长 21 厘米，宽 12.5 厘米，厚 4 厘米

砚为坑子岩端石，上有金线、杉木纹、胭脂晕及蕉叶白，右侧缀以米粒般小石眼，尚润泽。砚作长方形，平底，砚面开"阴阳太极池"，朴素典雅，敦实厚重。

元·麒麟纹绿砂石砚

长 20.5 厘米，宽 13 厘米，厚 6.5 厘米

　　砚以绿砂石为主，砚首圆雕麒麟回首俯卧，体态舒展，形神兼备，造型生动，毛发麟片纹理规整，线条流畅，独具匠心。其石色青碧，石上带淡绿石花，映光视之可见星点，石质滑而欠润，硬而疏松，下墨尚可，涸墨欠佳，在当时应是一方不错的石砚，好于一般陶土砚。这方古砚经久研磨使用，磨损磕碰痕迹严重，包浆和宿墨沉积厚重，极具文化内涵，当属宋元之器。

　　麒麟是我国古人创造出来的一种传说中的动物，麒麟集龙头、狮眼、鹿角、虎背、熊腰、马蹄、蛇鳞、牛尾于一身，被视为仁兽，寓意祥瑞。

元·马捷三铭崂山石砚

长 30 厘米，宽 20 厘米，厚 10 厘米

砚为山东崂山石，又称"崂山玉"，其基色为绿。此砚碧绿与苍绿相间，色相深浅融合，光彩夺目，其质坚密细润，富油性。石呈蛋圆形，刀工苍劲，富立体感，随石琢蟾蜍池，造型生动，线条流畅，古拙素雅，可谓文房重器。蟾蜍，古代视为神物，表示祥瑞。

元·虞集吴宽严嵩三人铭澄泥砚

长 20 厘米，宽 13.5 厘米，厚 4 厘米

砚为玫瑰紫澄泥质，纯正莹净，发墨不亚于端、歙二石。砚作长方形，砚堂浅平，砚首中央深琢正圆墨池，环池浮雕双螭纹，构图对称，婉转流畅，生动自然。此砚形制古拙，雕工精确豪放，色相沉静，肌理凝重，且有三位名人题铭，可谓古砚中极其珍贵难得之器。

砚阴覆手内有虞集撰篆书题跋"月到天心处，风来水承时。一股清意味，料道少人知"，下刻"至元三年清和月"，旁刻"虞集题"，下钤"伯生"白文长方小印。铭文书法，运笔自如，圆秀挺劲，干净利索，功力不凡。

砚右侧为吴宽题铭"温润坚贞，君子之德"，旁下刻"成化六年吴宽题"。砚左侧刻"嘉靖元年严嵩藏"。

虞集（1272—1348），字伯生，号道园，人称邵庵先生。元代学者，元四大家之一。

吴宽（1435—1504），字原博，号匏庵。成化中会试、廷试皆第一。授翰林修撰。官至礼部尚书，卒谥"文定"。

严嵩（1480—1566），字惟中，号介溪，江西分宜人。弘治进士，累迁礼部尚书、翰林院学士、内阁首辅。

元·文王铭澄泥砚

长 19.5 厘米，宽 10.5 厘米，厚 3 厘米

　　砚为绛州澄泥质，基色鳝黄，夹杂以鹧鸪斑纹样，纹理绚丽，自然淡雅，其质坚密细润，下墨发墨均不在端、歙二石之下，为砚中之珍。砚作平底，修长砖形，开圆形微洼砚堂，挖莲藕墨池，造型简洁素雅，古拙实用，古韵厚泽。砚额刻文王篆书铭"龙吟江水月"，旁钤"文王"方印，砚铭书法古拙自然。"文王"其人俟考。

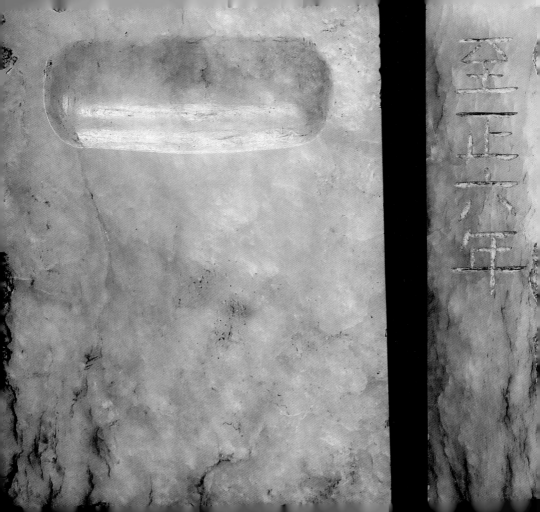

元·省间石爱铭澄泥砚

长 20 厘米，宽 11 厘米，厚 4 厘米

砚为澄泥质，基色鳝黄，带褐黄斑纹，金光熠耀，光彩夺目，质地坚密，细润如玉。砚作平底、长方瘦长形，开圆膛，琢荷叶墨池，形制古拙厚重，简洁实用。用刀刚劲，不失秀雅，极具宋元砚风。砚额镌铭"玉之理全于此"，旁钤"省间"二字方印。而砚右侧刻"甲辰冬制"，下钤"石爱"方印。"省间"其人俟考。

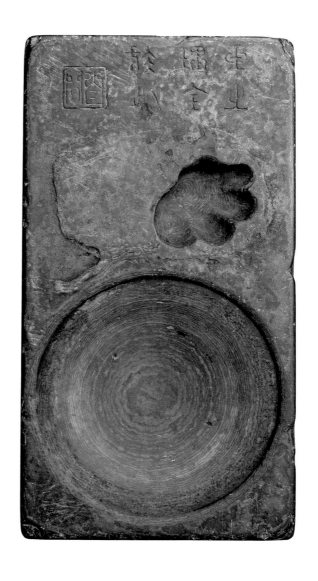

元·赵孟頫铭端石砚

长 14 厘米，宽 9 厘米，厚 2.1 厘米

砚为宋坑端石，色若猪肝，有微细金星点，质润泽，发墨甚佳。砚作长方淌池式，三边砚缘刻回纹，砚背覆内雕驾车双马立地，交头会视，姿态融洽，上刻几缕浮云，其间有赵孟頫楷书题铭"两服上襄，两骖雁行"，旁下刻"子昂"，下钤"玉""人"两方小印。此砚形制简洁实用，构图清雅，刻工精到，且有名家题跋，殊为砚中珍品。

赵孟頫（1254—1322），字子昂，号松雪道人，吴兴（今浙江湖州）人。宋宗室入元，经程钜夫推荐，官刑部主事，后累官至翰林学士承旨。卒赠魏国公。

雨服上襄雨驂雁行

子昂

元·张雨铭老坑端石砚

长 23 厘米，宽 14 厘米，厚 2.5 厘米

　　砚为端溪老坑石，青紫色，含蓝晕，质地细润，上有鱼脑冻、胭脂火捺、冰纹、蕉叶白以及冬瓜瓤青花等特征。砚作长方，淌池式，墨池浮雕云龙纹，刀法错落有致，线条准确，富地方色彩。砚底框足上下左右同宽，砚背覆手内凹，中间刻"槐西老屋"四字行书，下钤"张雨私印"四字方章。

　　张雨（1283—1350），字伯雨，号句曲外史，钱塘（今杭州）人。元代诗文家、词曲家、书画家。博学多闻，善谈名理。

元·寿之铭虢州澄泥砚

长 25.5 厘米，宽 17 厘米，厚 6.5 厘米

砚以澄泥所制，澄泥砚由陶砚发展而来，唐代韩愈在《瘗砚文》中说，这种砚是"土乎成质，陶乎成器"。石可在《鲁柘澄泥砚》中云："唐代的澄泥砚，是有所改进的陶砚，因为它是用澄过的陶土成型的，故称之为澄泥砚。"澄泥砚有许多地方烧造，仅河南虢州、山西绛县出产的最具坚密细润的特点，不亚于端、歙二石，深受社会各界喜爱，一直是"四大名砚"之一。

本砚乃虢州澄泥，色青灰，质坚细，发墨不在端、歙之下。砚作淌池式，砚缘凸起，宽窄不等，四角微圆，两跗高厚，中空平坦，呈抄手式。其形体硕大，浑朴厚重，粗犷大气，古意昂然，颇具元砚风格。砚额镌七字篆文"子子孙孙永宝用"，旁刻"寿之刊"三字，旁边钤"寿"字小印。

寿之为耶律伯坚，元代人，曾任清苑县尹。

元·紫金石砚

长 20 厘米，宽 11 厘米，厚 5.5 厘米

　　砚为紫金石，出自山东临朐，系鲁砚品种。以其为砚始于晚唐，盛于两宋，后不多见，传世古砚很少。宋代高似孙在《砚笺》中云："紫金出临朐，色紫温润，发墨如端、歙，姿殊下。晚唐竞取紫金石，芒润清响。"1973年在元大都遗址出土一方米芾铭紫金石砚，凤形，色紫，银星满布，砚背铭曰"紫金石制，在诸石之上，皆以为端，非也"。可见其石非同凡品。

　　本砚色紫泛赤，石上布满银星，砚作渟池式，砚堂宽阔，砚堂肩部刻一瑞兽，砚右侧刻六字篆书，俟考。砚配天地盖黄花梨盒。

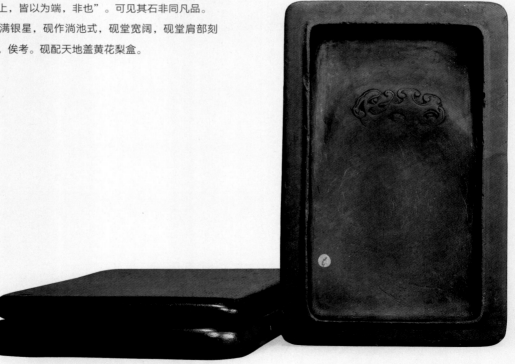

元·浮雕如意泥灰岩石砚

长 24 厘米，宽 16 厘米，厚 7 厘米

砚为泥灰岩石，磨面久用，滑润细腻，发墨好于陶土砂石砚。砚作长方形，砚面浮雕两枝如意对接而构成开阔砚堂，上方琢新月形墨池。堂池深浅有度，美观实用。此砚形制古朴厚重，宿墨，土锈斑斑，刀法刚劲苍老，粗犷豪放，极具蒙元风韵。

明

代

明·双狮戏球老坑端石砚

长 18 厘米，宽 12 厘米，厚 3 厘米

砚为端溪老坑石，色紫微泛蓝、莹润清澈，质坚而柔，娇嫩细腻宛如婴肤。石上有青花、鱼脑冻、胭脂火捺、蕉叶白等。砚作长方倭角形，淌池式，四周隆起砚缘，略微外撇，圆滑秀丽。墨池高浮雕双狮戏球，圆润"活眼"巧作绣球，甚是灵动。构图饱满，布局得当，雕工娴熟，刀法传神，是古砚中的上品之作，弥足珍贵。

明·长方形将军坑端石砚

长 19 厘米，宽 13 厘米，厚 2.5 厘米

砚为将军坑端石，出自肇庆北岭山，属宋坑系列，色紫偏赤，油润细腻。石上有猪肝冻和微细金星点，而青花与火捺玫瑰斑、胭脂红交结在一起，色彩凝重，富于变化，犹若云霞灿烂。

将军坑砚材为粉砂质绢云母泥质，软硬适度，故下墨快捷，发墨极佳，宜于画面。然而此坑早已枯竭，所以传世砚不多见。本砚作淌池门字式，尾端无堵，符合明中期砚式，砚底四角设"L"型浅足，沉稳壮观。

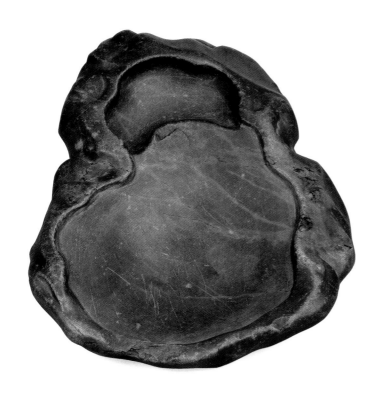

明·山子形红丝石砚

长19厘米，宽14厘米，厚4厘米

砚为红丝石子石，出自山东益都县以西四十里山洞穴，属鲁砚一品种。其底色为猪肝紫，灰黄刷丝纹、温润细腻，晶莹清澈，利墨益毫。石可在《鲁砚》一书中云："黑山红丝石以猪肝色地灰黄刷丝纹者最佳，但夹层很薄，即小块亦极不易得……其质较一般红丝石稍软，紫红地灰黄刷丝纹，质嫩理润，色泽华缛而不浮艳。手拭如膏，似有游液渗透……真是希世之瑰珍。"此石稀，而子石尤稀。红丝石砚原本是"四大名砚"之一，后因石材断采才以洮河石砚替补。砚随石而作山子形，砚势浑厚大度，线条挺拔，凹凸起伏，恰到好处，突出实用又不失华贵厚重，当为治砚名家所为。

明·瓠叶形老坑端石砚

长 20 厘米，宽 15 厘米，厚 3.5 厘米

　　砚系老坑端石，上有胭脂晕、天青鱼脑冻以及玫瑰紫、火捺等特征。砚随石作瓠叶形，其周边内卷上翻，自然构成砚堂，砚首根蒂巧成墨池，左侧砚缘上所留黄褐色石皮，添加了砚之灵气。此砚形制独特，布局巧思，雕琢生动，实用大度。

明·吉星高照坑子岩端石砚

长 16 厘米，宽 10.5 厘米，厚 4.5 厘米

　　砚为端溪坑子岩石，色泽质地双优。砚作为淌池式，敦厚方正，周边砚缘凸起，圆滑流畅。受墨处宽平，与墨池相通，池深过寸，贴砚额逐一立柱，上有一鸡公眼，黄绿相间，中有黑点，莹晕喜人，寓有"吉星高照"吉祥之意。砚为明代典型之器。

明·古砖改制砚

长 15 厘米，宽 9 厘米，厚 4 厘米

砖色黑灰，质坚密润泽，砚作长方形，淌池式，下端无砚缘，具明砚
特征。一侧有南北朝"元嘉一年"纪年款。附木质天地盖。

明·倒山池澄泥砚

长 20 厘米，宽 12.5 厘米，厚 4 厘米

砚为鳝黄澄泥质，莹洁纯正，刚柔相济，叩之木声，磨墨无声，利墨益毫，当为澄泥砚上品。砚作长方布币形砚堂，倒山字墨池，四周砚缘刻回旋纹，线条清晰流畅。其形制独特而厚重，布局巧思而别致，刻工简练而实用，足为文房之雅器。

明·鳝鱼黄澄泥砚

长 17 厘米，宽 11 厘米，厚 2.5 厘米

砚系澄泥质，色鳝黄，清澈莹净，质坚紧细润，发墨不亚于端溪下岩，当为同类砚之冠。砚作长方形，砚面平整，四周起阳线围成瓶样砚堂，并以瓶口为墨池，其周边也刻阳线饰之。整体构图简练，别开生面，选材精，实属罕见。

明·梯形老坑端石砚

上宽 9.3 厘米，下宽 10.7 厘米，厚 2 厘米

　　砚为老坑端石，色青紫含蓝晕，质坚细润，石上有玫瑰紫青花、鱼脑冻、蕉叶白、天青冻及胭脂晕等特征。砚上窄下宽呈梯形，淌池为浅抄手式，工简朴素，清雅实用。原配随形紫檀木盒。

明·金钱火捺纹端石砚

长 18.3 厘米，宽 11.5 厘米，厚 4 厘米

砚为端溪宋坑石，色紫带赤，鲜嫩亮丽，颇似猪肝色，质坚密细腻，赛过婴肤。上有微尘青花，猪肝冻、天青冻及其独有的金钱火捺，大小不等，浓淡相间，圆晕艳丽。砚作素面平板，赏用均可，以赏为上。凿器风格古朴庄重，清丽典雅，是藏家钟爱之砚。

明·猿面池端石砚

长 17 厘米，宽 11.5 厘米，厚 3.5 厘米

砚系端石，色青紫，微泛蓝，质细润，上有青花、胭脂晕、猪肝冻、金线及金钱火捺等名贵特征，殊为难得之材。砚作为长方形，砚面开猿面池，工简朴素，端庄厚重，实用美观，充分展现了明人制砚的审美情趣。

明·蜘蛛纹老坑端石砚

长 18.5 厘米，宽 12 厘米，厚 3 厘米

砚为老坑石，青紫泛蓝气，质坚而柔，尤为细润，石上有天青、蕉叶白、火捺、胭脂晕及鱼脑冻等特征。砚作长方形，前窄后宽，两侧留暗金黄色毛面石皮，色彩亮丽。四周砚缘为宽边，上面浮雕对称龙凤纹，构图巧妙，雕刻精致。砚作淌池式，砚堂宽绰实用，墨池中央高浮雕喜蛛，寓意"喜从天降"。

明·椭圆形老坑水归洞端砚

长 12.5 厘米，宽 9.7 厘米，厚 1.5 厘米

砚系老坑水归洞石，色紫蓝偏赤，质幼嫩，湿润细腻，石上有青花、胭脂晕、金线及水纹冻。砚为椭圆形，砚面平整，继宋遗风，四周内嵌，开圆墨池，规矩深凹，殊为实用。整体做工简洁而典雅，朴素而大方。原配黄花梨木盒，极为讲究。

明·红丝石平板砚

长 13.5 厘米，宽 8 厘米，厚 2.7 厘米

砚为红丝石，出自山东益都以西黑山洞，肌理为紫红地灰黄刷丝纹，莹润如玉，为红丝石之极品。石可在《鲁砚》中云："黑山红丝石以猪肝色地灰黄刷丝纹者最佳，但夹层很薄，即小块亦极不易得……其质较一般红丝石稍软，紫红地灰黄刷丝纹，质嫩理润，色华色泽华缛而不浮艳。手拭如膏，似有游液渗透……真是希世之瑰珍。"紫红地灰黄刷丝纹红丝石砚，明朝后已不多见。此砚作平板式，裁切规整，朴拙雅致，可赏可用，实为红丝石砚中珍品。

明·太史式老坑端石抄手砚

长 21 厘米，宽 13 厘米，厚 6 厘米

砚为老坑端石，色青紫泛蓝，色相清澈沉静，质坚柔湿润，得墨快，发墨好。石上有青花、黄龙纹、鱼脑碎冻、蕉叶白及大片胭脂晕。砚作太史式，亦称"太师式"。砚堂平整，上方开"一"字形墨池，宽阔而微见弧线变化，工精完美。砚堂两侧刻出浅而宽的边缘，砚面方正大度，古拙实用。砚底掏空有缓坡，两跗宽而厚，有高度，可用手抄底托起，故名"抄手砚"。

此砚石好、工好、年份好，包浆厚润，宿墨斑驳，文化内涵丰富，尤其可贵的是形制硕大厚重，当为文房重器。

明·布币池老坑端石砚

长 18 厘米，宽 11 厘米，厚 4 厘米

砚为端溪老坑石，色青紫微泛蓝，质柔细润，石上有青花、胭脂火捺、蕉叶黄龙纹及鱼脑冻特征。其色相沉静，叩之其声若木，发墨颇佳。砚作长方形，布币池，工简规范，素中见雅，端庄浑厚，气势非凡，称得上古砚之佳作。砚阴左下角残缺，为葬俗所致。原配黄花梨天地盖，盖上镶饰白玉，制作亦甚精致。

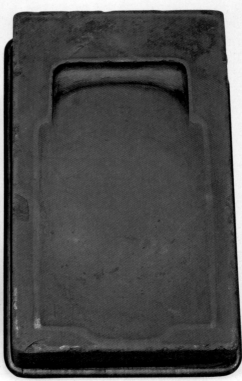

明·长方形大西洞端石砚

长 17 厘米，宽 11 厘米，厚 2 厘米

　　砚为端溪大西洞石，色青紫带蓝晕，莹晶细润，呵气凝露，古有"体重而轻，质刚而柔"的赞语。石上有微尘青花、金线水纹冻、胭脂火捺及大片鱼脑冻等珍贵特征。砚作平底长方倭角形，砚面平整，周边凸起砚缘，砚首浅浮雕"古梅祥云图"，刀工细致入微。其形制带有明中后期制砚特色。附硬木盒，工亦讲究。

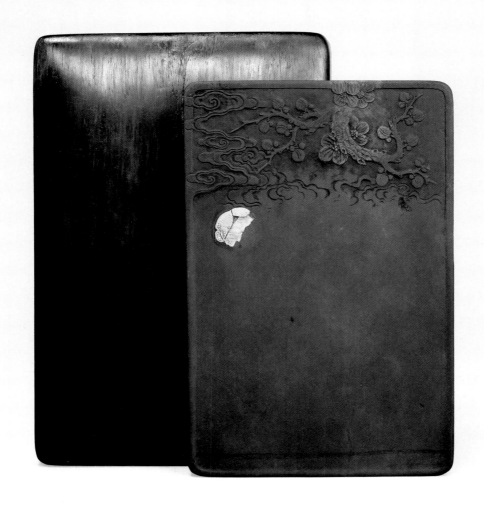

明·抄手式白端砚

长 18.5 厘米，宽 10 厘米，厚 3.5 厘米

砚系白端石，出自肇庆七星岩，色白若象牙，晶莹纯洁，质细温润，犹若羊脂，叩之其声如钟，发墨沉静，为砚材之上品。其做工简练精致，古拙素雅，典型明代抄手式砚款，背为凿石毛面，画有"二次为九"四字。

明·夔龙纹坑子岩端石砚

长 22 厘米，宽 14 厘米，厚 4 厘米

砚为端溪坑子研石，色青紫显赤，上有微尘青花、胭脂火捺。砚作长方形，门字式，砚冈上浅浮雕夔龙，砚缘浅浮雕双龙纹，线条挺拔，惟妙惟肖，古拙素雅。砚体硕大厚重，端庄气派，格调高雅，具明砚风格。

明·长方形蛋圆池白端石砚

长 13.5 厘米，宽 8.5 厘米，厚 3 厘米

砚系白端石，产自端溪七星岩地段，其石理纯净，温润细腻，拂之生羊脂玉感，有"点生毫笔润，磨惹墨云香"之说。砚作长方形，开蛋圆形墨池，整个砚面雕刻简洁，凸显墨池和砚的四边隆起有序，自然构成墨池、砚池。整体造型简洁明快，端庄实用，极具线条美。

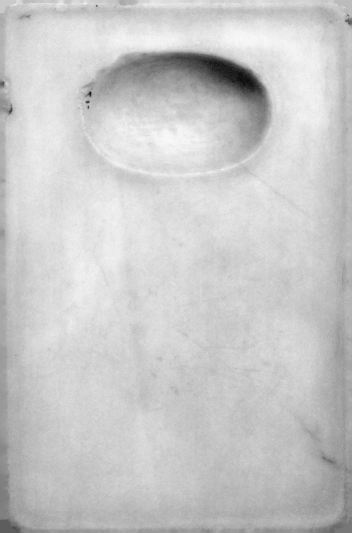

明·朵云池老坑端石砚

长 13 厘米，宽 9.5 厘米，厚 2 厘米

砚随形雕朵云池，其周围浅浮雕祥云纹，既富装饰性，又蕴含吉祥意，线条清晰，颇具动感。砚为老坑石，色青紫，散蓝晕，上有胭脂火捺、鱼脑冻及大片水纹冻，是同类砚中妙品，极其珍稀。

明·门字式老坑端石砚

长 17 厘米，宽 12 厘米，厚 3 厘米

砚为端溪老坑石，色青紫带赤，色泽均匀，粉砂泥质结构，致密细腻，发墨利毫，实用至上。石上有金线、胭脂火捺、翠斑及玫瑰紫青花，色彩丰富斑斓，纯正厚重。砚作长方形，三面边框同宽，上阴刻回纹，线条挺拔，庄重素雅。砚堂与墨池连接，深浅适度，阔绰实用，整体造型简约，格调高逸，符合明代制砚风格。原配紫檀木盒，工亦精致。

明·青鸾献寿端溪子石砚

长 21 厘米，宽 16 厘米，厚 3.5 厘米

砚系端溪子石，色紫泛青，上有青花、黄龙线、蕉叶白及虫蛀等特征。砚随石雕"青鸾献寿"图，鸾鸟口衔桃叶伴随空中云朵及阳光飞临人间。"青鸾献寿"为传统祝寿的吉祥图案。此砚形体硕大而厚重，造型朴实而雅致，雕刻简练而精到，充分体现明代制砚古雅而大气的风格。

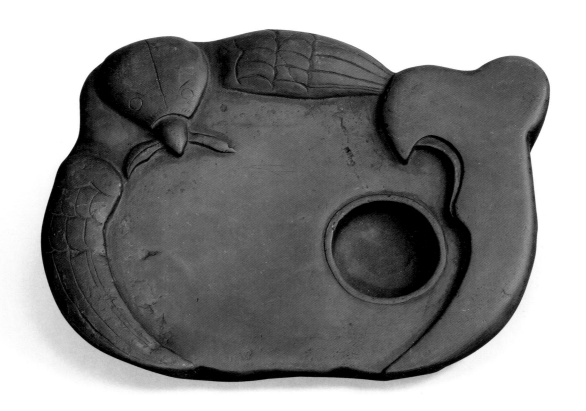

明·大西洞端石砚

长 19 厘米，宽 11.5 厘米，厚 4 厘米

砚系大西洞石，色青紫带赤，微泛蓝晕，质刚而柔，温润如玉，上有微尘青花、胭脂火捺、鱼脑冻以及宽窄、长短各不相同的金线，而砚面左下方生一石眼，色绿夹黛，圆润沉静。其石品绚丽多姿，宛如一幅晚霞风景画。就石质而言，此砚是我藏砚中比较钟爱的一方，称得上"席上之珍"。砚作平底，长方形开平素砚堂，琢长方墨池，其形制规整而大度，简洁而朴素。

明·月上云头老坑端砚

长 18 厘米，宽 11 厘米，厚 4 厘米

砚系老坑端石，色青紫泛赤，质地细润，上有金线、玫瑰紫青花、水纹及胭脂火捺，尤为出奇的是砚面上缀以三朵浮云，其中位于墨池左上角的一朵浮云间有一"高眼"，亦圆亦晕，宛如一轮明月与云层交融，令人叫绝。砚作长方倭角，顺水淌池，砚首巧雕"月上云头"墨池，阴阳刻法并用，刀工精绝，堪称用意之作。

明·天青端石兰亭砚

长 25.5 厘米，宽 15 厘米，厚 7.5 厘米

此砚以王羲之《兰亭序》为题材雕刻而成。砚体六面满工，浅浮雕"流觞曲水图"及"鹅池"等，构图巧妙，精美绝伦。刀工有兰亭之风韵，潇洒劲秀，此乃精湛技艺与生动情趣相结合的产物，稀少难寻。

明·紫地金晕端石板砚

长 25.5 厘米，宽 16 厘米，厚 3.5 厘米

砚石色浅紫泛赤，莹润清澈，石质细腻娇柔，呵气凝云，发墨甚佳。砚面、砚阴、砚侧满布罕见金晕纹饰，形状各异，呈点滴状、条带状、半圆不圆状、云雾片状，错落相杂，浓淡相间，自然灵活，金光熠耀。此外还缀以胭脂火捺，场面壮观，称得上端石妙品，殊为少见。此砚材质珍奇，色彩斑斓，形体硕大，气势浑厚，取板砚形制，匠心独运，既可赏其天成妙趣，又不失实用，实为文房重器。

明·长方形蟠龙纹歙石砚

长 21 厘米，宽 14 厘米，厚 3.5 厘米

砚系婺源龙尾石，色淡青，表里莹润清澈，石上缀以金银星颗粒和枣心眉子，并有数条青黛玉带平行排列，环绕砚的四周，宽窄不等，脉络清晰，实属稀有。砚作淌池门字式，砚堂、墨池开阔适度，古拙大气，以实用为上。落潮处浅浮雕蟠龙纹，精湛生动，灵气十足。

明·铁暖砚

长 16 厘米，宽 9 厘米，厚 14.5 厘米厘米

此砚是以铁浇铸而成，砚堂平坦，其下为空心炉膛，可放置烧炭，温暖砚面。砚首开"一"字形墨池，砚额作"山"字形笔架，其下透雕"田"字纹，左右两侧透雕"卍"字纹，四周围砚缘细刻水波纹，砚底设四浅足，略微外撇，造型端庄实用，美观大方。以铁制砚始于汉代，本砚为明代之器。

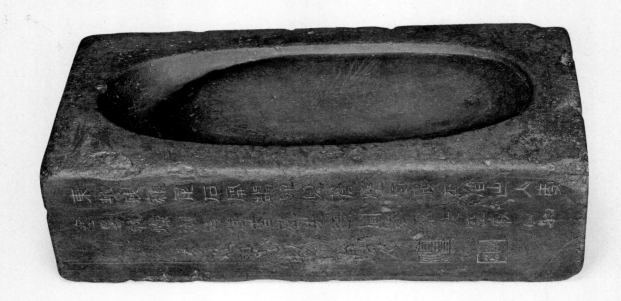

明·周大辰铭龙尾石东坡砚

长 18.4 厘米，宽 9.5 厘米，厚 5.3 厘米

砚为庙前洪龙尾石，色紫略显土红，石上有细微鱼子纹般金星和白龟甲条纹，质坚莹净，温润细腻，利墨益毫，系同类石之上品。砚取东坡砚式，长方形，平底，砚堂与墨池相连，呈蛋圆状，其深浅有度，长短宽窄得当，特别是砚堂落潮处的雕琢，圆润自然，雍容华贵，美不胜收。整体古拙厚重，工艺超然，端庄秀丽，表现了东坡砚式形神兼备、秀气典雅的气质。砚左侧有周大辰隶书铭："东坡砚，龙尾石。开鹄卵，见苍璧。与居士，同出入。更寒暑，就燥湿。今何者，独先逸。同参寥，老空寂也。"旁下刻"玄珠词兄制"，下款署"周大辰"，下有两方印"自彦印""朗若"。

砚侧长铭，佳句佳刻。周大辰本名自彦，别称西林，字号朗若，明代僧人，生于杭州，祝发祖山寺。善行、草书，工山水、兰竹。

明·六如铭澄泥砚

长 11 厘米，宽 7 厘米，厚 1.8 厘米

砚以虾头红澄泥为主，色泽纯正而珍，质坚细而贵，圭形砚制，端庄实用。砚首有六如题铭："天然一片瓦，琢就此奇形。北溟鱼龙舞，中央雨露生。"下刻"六如"，其书法运笔自如，清秀疏朗，干净利索，功力不凡。

唐寅（1470—1524），字伯虎，一字子畏，号六如居士。苏州人，明代著名书法家、画家、诗人。

明·三桥铭端石砚

长 15.5 厘米，宽 9.8 厘米，厚 3.3 厘米

　　砚系端溪宋坑石，色紫带赤，质坚而润，上有玫瑰紫青花、黄龙纹、胭脂晕，肌理含微细金星颗粒，下墨发墨皆优，颇为实用。砚作淌池门字式，古朴素雅，厚重端庄。砚左侧有三桥镌铭"其质坚，其色润，置彼文坛，助吾笔阵"，下刻"三桥"二字。铭文言词真切，书法运笔规范，圆秀挺拔，称得上名家之作。

　　文彭（1498—1537），字寿承，号三桥，长洲（今苏州）人。系文徵明长子，继承家学，善书画，精篆刻，为治印名家。

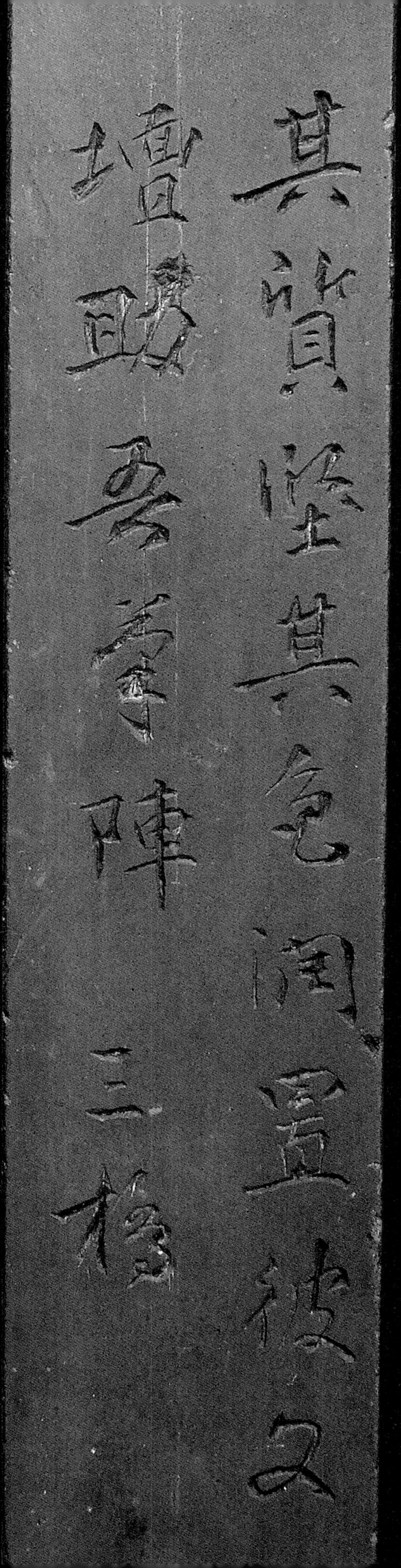
其質堅其色潤置彼文
壇助吾筆陣 三橋

明·徐渭铭岫罗蕉端石砚

长 13 厘米，宽 10 厘米，厚 2 厘米

　　砚为岫罗蕉端石，色青紫，莹润细腻，石上有胭脂火捺、玫瑰紫青花，并可见蕉叶白。砚作椭圆形，砚面平素，受墨处微凹，砚首开半月池，深浅有度，砚侧承宋遗风，明显内嵌，而砚底微洼，上刻徐渭铭文"绿蕉叶抽春芽，吐新声而走龙蛇"，旁下署款"徐渭"二字。

　　徐渭（1521—1593），初字文清，改字文长，号天池山人，又号青藤道士。浙江山阴（今绍兴）人。明代著名书画家。

明·中山铭坑子岩端石砚

长 14.5 厘米，宽 14.5 厘米，厚 2.8 厘米

　　砚系端溪坑子岩，色紫带赤，质细柔润，上有翠斑、蕉叶白、玫瑰紫青花、胭脂火捺及鱼脑冻等。砚作平底，随形砚堂平坦，浮云翻卷自然，构成砚缘。砚首雕朵云墨池，深浅有度，线条挺拔流畅，做工古拙，浑厚大度。砚阴平整，中间署"中山"名款，楷书端正。原配紫檀木盒，工亦精致讲究。

明·子京珍秘庙前洪歙石砚

长 17.5 厘米，宽 11 厘米，厚 2.5 厘米

砚为庙前洪龙尾石，砚面色微紫，其侧面下部有一道石脉，绿莹如带，环绕四周，其间缀以青黛纤细网纹，脉络清晰，天然生成。其质地坚润细腻，金声玉德，受墨宜笔，为同类石中佳材，不可多得。清代歙县人程瑶田在《纪砚》中云"庙前洪石，龙尾上品也。所谓庙前者，今失其处。故老口授，言质坚似玉而细润，若端溪水岩石者，是故世俗语亦呼之曰'端色'。"

该砚作长方形，砚首雕荷蟹池，取其音寓意"和谐美满"。荷叶边缘微卷成池，叶脉略显隆起，线条流畅自然。墨池左上角荷叶下浮雕一蟹，作爬行状，姿态生动，意趣横生。砚之形制规整，构图严谨，刀法层次分明，朴素中见精巧。特别是在砚左侧下方钤篆书"子京珍秘"四字方印，印文笔力苍劲，古韵幽然，为砚增添了文化色彩和史料价值。砚配鸡翅木天地盖，盖上嵌圆形翠饰，其做工十分讲究。

项元汴（1525—1590），字子京，号墨林，浙江嘉兴人。精于鉴赏，为嘉靖、万历间最著名的收藏家。

明·沈周铭老坑端石砚

长 14 厘米，宽 11.5 厘米，厚 2.5 厘米

　　砚系老坑端石色，色青紫微散蓝晕，质坚细润如玉，上有玫瑰紫青花、胭脂晕及鱼脑冻等，质高难求。砚作蛋圆，雕云龙纹新月池，砚堂平坦，砚侧内敛，承宋砚遗风。砚额浅刻二龙戏珠图纹，其形制独特，刀工细腻流畅，秀气典雅。砚覆手内浅浮雕神兽貔貅，呈行走状态。其上方刻沈周行书铭"石坚，式古，湿如良玉"。左下方署"沈周"二字名款，下钤"沈"字小方印，而右下方钤"石田"长方小印。

　　沈周（1427—1509），字启南，号石田，长洲（今苏州）人。明代著名书画家。

明·于健铭洮河石砚

长 17.8 厘米，宽 5 厘米，厚 2.3 厘米

　　砚为洮河石，产自甘肃临潭县（古称洮州）的洮河水底，取之不易，以稀为贵。此袖珍砚，色绿莹晶，质细湿润，石上黛绿条纹，宛如山泉流水，顺石而下。砚作顺水淌池式，形体虽小，而不失实用，且灵性可爱。原配木质天地盖盒，做工精，契合佳，亦为名师所为。砚侧有于健手刻铭"吴大千先生八月中秋为友人松雪居士举行共赏其园中花，还有一砚石，其质佳，到此为愿"。旁下刻"于健刊"。

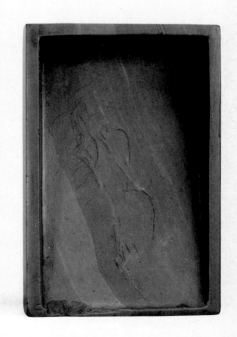

南极老人缥於

東井春夕值丁

秋暑丕丙保季

占候辉煟三

壽考多年占空

地益 郭季

明·彭年铭歙石寿星砚

长 15.5 厘米，宽 10.5 厘米，厚 2 厘米

砚为歙石，色青碧，莹润细腻，上有银星罗纹石品。砚作长方淌池式，落潮处浮雕"寿星见"三字篆书，挺拔清丽。受墨处因久研洼凹，岁月沧桑，此一见证。砚背覆手内下部浮雕一寿星老人，右手持龙头拐杖，左手托一仙桃，和颜悦色，寓长寿之意。其上部镌字铭："南极老人，缠于东井。春夕值丁，秋曙见丙。保章占候，祥辉炯炯。寿考万年，与天地并。"下署"彭年"二字，其书法运笔自如，清劲圆润。

彭年（1505—1566），字孔嘉，号隆池山樵，长洲（今苏州）人。善书兼治印，其名仅亚于文徵明。

明·曾朝节铭歙石小砚

长 11 厘米，宽 7 厘米，厚 1 厘米

砚为歙石，色青而声清，质细莹润，石上满布金星、细罗纹，属歙中上品。砚面雕竹叶池，碾琢工致，以用至上。砚背覆手内有曾朝节题铭"读卷官礼部右侍郎兼翰林院侍读学士掌院事户部尚书"。下署"臣曾朝节"。此袖珍砚做工精致，小巧灵性，加上有曾朝节题铭，确实珍贵难求。古人云东西有大有小，越大越少越难为。

曾朝节（1534—1604），字直卿，号植斋，明朝临武人，万历进士。官至礼部尚书。

明·瑞峰铭雄鹿池澄泥砚

长 18 厘米，宽 9.5 厘米，厚 4 厘米

砚为澄泥质，色蟹青，取长方形制。砚首雕雄鹿，呈奔驰姿态，其腹琢为墨池，深浅适度，形似神合，气韵不凡，殊为上乘之作。砚侧端铭："貌古神定，既坚且润，不为小人所惑而为君子所敬。"下刻"瑞峰铭"三字。书体圆秀挺劲，干净利索。此铭是对砚的最有见地的评价。

卢维祯（1543—1610），字司典，号瑞峰。隆庆进士，官至户部侍郎。

明·章玄应铭老坑端石砚

长 17 厘米，宽 11 厘米，厚 3.5 厘米

砚为老坑端石，色紫灰，清澈莹晶，质坚细柔润，上有微尘青花、胭脂晕、鱼脑碎冻及罕见的玫瑰纹等。砚作典型明式抄手砚，古朴实用，端庄典雅。砚背镌章玄应跋："楮颖陶玄，同功简编。肆尔静定，宜尔遐年。"旁刻"南阁章玄应识"六字，其书法刚健苍劲，疏朗秀丽，称得上名家名作。

章玄应（1440—1510），字顺德，浙江乐清人，成化十一年进士，官至广东布政使。

明·元美款砣矶岛石砚

长 19 厘米，宽 10 厘米，厚 2 厘米

　　砚系砣矶岛石，出自山东蓬莱县砣矶岛海中。以其治砚始于北宋，盛于明清。砣矶石砚，色青，质坚细、利墨益毫，有金星雪浪特征者最佳。明代大画家徐渭诗赞砣矶砚"向者宝端歙，近复珍罳矶。在海感蛟鼍，文理多怪奇。白者为雪浪，星者黄金泥。碎者银作砂，角者丝缠犀……"

　　此砚制作立意精巧，砚面砚池实用大方，砚面砚背线体流畅简洁，砚背设一横两点足，稳重美观。砚背中央镌阳文篆书"元美"二字。挺拔有力，大气磅礴。

　　王世贞（1526—1590），字元美，号凤洲，又号弇州山人，明代大学者。

明·沈周铭老坑端石砚

长 20.5 厘米，宽 14 厘米，厚 4.2 厘米

砚为老坑端石，色青紫泛蓝晕，纯正晶莹，质缜密润泽。上有鱼脑冻、铁捺、胭脂晕、火焰青及萍藻青花等。砚作长方倭角，淌池式，形制古朴厚重，端庄实用，具明砚特征。砚一角缺，为丧俗所致。此砚不仅石材绝好，且有四铭，殊为难得，可谓文房重器。其中有的字剥蚀，不可辨识。砚背覆上端有署款"石田"二篆书大字，砚背覆手两侧刻行书铭"□来青紫玉，如□□□□。□□日□目，神君拂袖去。至今魂梦远端溪""有请黄先生鉴收"。下刻"甸""田生"。再下钤"青玉山房"长方形印。砚背覆手内有楷书铭："象其体，以守墨。象其用，以蓄德。譬农夫之力稿戒将落于不殖。"旁刻"甲午花朝铭"，旁下钤"鹿""原"两方篆文小印。而砚左边侧下方钤"莘田十亩之间"白文篆印。

沈周（1427—1509），字启南，号石田，长洲（今苏州）人，明代著名书画家。

余甸（1655—1727），字田生，清代人，官至顺天府丞。

林佶（1660—1720），字吉人，号鹿原，清代著名藏书家。

莘田，康熙举人，官广东四会知县，酷爱端溪砚石。

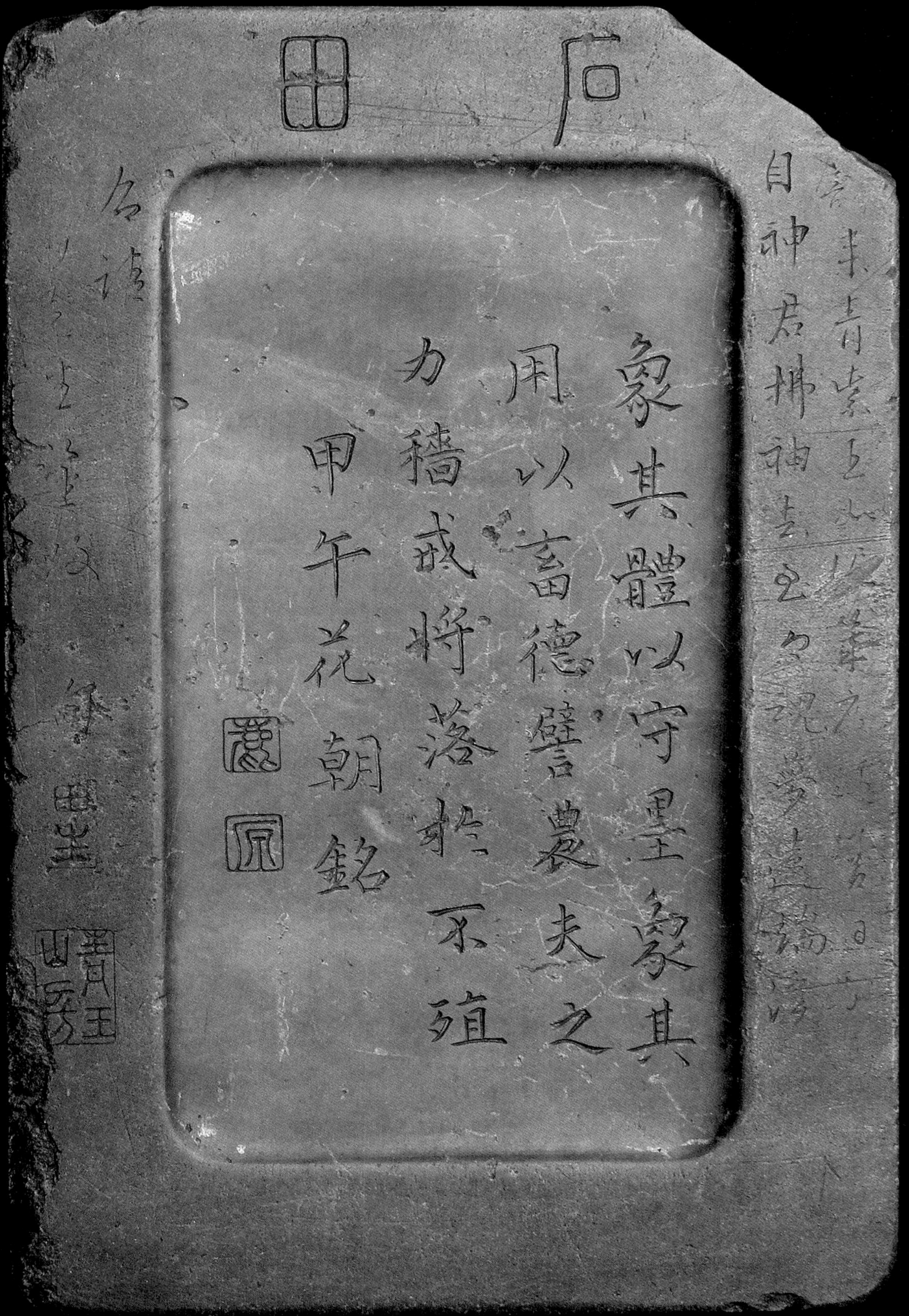

田 石

象其體以守墨象其
用以畜德譬農夫之
力穡戒將落於不殖
甲午花朝銘

明·文彭铭端砚

长 18 厘米，宽 12 厘米，厚 3 厘米

砚色紫带赤，质细莹润，石上满布丹砂石眼，大小不等，圆晕亮丽。砚作长方淌池抄手式。形制古拙素雅，端庄实用。砚一侧有文彭题铭："守吾默，贞吾德，刚克柔克，俾周旋乎书策琴瑟。"旁下署款"文彭"，其下分别钤"寿""臣"两方小印。

文彭（1498—1573），字寿承，号三桥，长洲（今苏州）人，文徵明长子，善各体书法，尤工治印。

明·文徵明铭澄泥砚

长 17 厘米，宽 12 厘米，厚 1.6 厘米

　　砚为澄泥质，色呈玫瑰紫，纯正亮丽，质坚硬细润，发墨极佳。山西绛县澄泥砚作为"四大名砚"之一，名符其实。砚作椭圆形，淌池式，砚额线刻水纹饰之，整体形制简洁圆浑，端庄秀雅，颇具古韵。砚背中间刻文徵明隶书铭："而德之温，而理之醇，磨之不磷，以保其真。"其左上角刻草书"徵明"二字。

　　文徵明（1470—1559），原名壁，以字行，号衡山居士，长洲（今苏州）人，长于诗文、书法、绘画。

明·牧翁铭大西洞端石砚

长 21 厘米，宽 13.5 厘米，厚 4.5 厘米

砚系端溪大西洞石，色青紫，散蓝晕，上有微尘青花、鱼脑冻及少有的蕉叶白等，整体宛如笼罩一层薄雾，生动飘逸。砚作平板式，免伤其天然纹理，可欣赏又不失实用。砚一面靠右方有牧翁题铭："体纯德厚，君子所守。"其下刻"牧翁铭付孙吉金"。楷书铭文，结体规范，神韵自然。而在砚一侧中间刻行书"榕庐佳玩"四字。此砚形体硕大浑厚，切割规范，端庄大气，为端砚中极品。又有题铭，当为砚中之宝。惜牧翁、榕庐等不可考。

明·红丝石砚板

长 14.5 厘米，宽 9.5 厘米，厚 4 厘米

砚为山东益都黑山红丝石。色奇特，土红地子上缀金黄丝纹，莹晶细腻，温润如玉，下墨发墨双优。这般红丝石在明代极为少见，可遇不可求。砚作长方形，两面板平，不加修饰，宋称"砚板"，而明曰"平板砚"或"板砚"。石品精绝，切割凝重，可赏可用，颇具古韵。

明·荷叶池端石砚

长 21 厘米，宽 18 厘米，厚 2.5 厘米

砚为宋坑石，色呈猪肝紫，含蓝晕，质坚细润，上有胭脂火捺、玫瑰紫、青花及猪肝冻等。砚随石作卷荷叶池，砚堂宽阔实用。砚覆手呈宽带式，力求沉稳。

明·虫蛀池端石子石砚

长 16 厘米，宽 11.5 厘米，厚 3 厘米

砚为天然子石，出自端溪水坑，色青紫，含蓝晕，质坚柔细润。上有金线、鱼脑冻及玫瑰紫青花，另有虫蛀穴，边侧留有褐黄石皮。子石砚历史少有，而色正质优的名子石砚尤为稀罕可贵。砚随石巧饰虫蛀穴墨池，池旁勾勒出几粒水泡，情景交融，巧夺天工。

明·长方形钟样端石砚

长 12 厘米，宽 8 厘米，厚 2.5 厘米

砚为端石，长方形，钟样。砚堂平坦，久用微洼，墨池半圆，深凹，平底古朴
实用。

明·大理石砚

长 15 厘米，宽 10 厘米，厚 5.5 厘米

大理石砚，出自云南大理县。质坚细腻，白石黑花，表里一致。砚面平坦，以双线开出砚堂，砚首深挖十字形墨池，通体墨锈斑驳，古拙厚重。

明·长方形四足蔡州白石砚

长 17.5 厘米，宽 10 厘米，厚 3 厘米

砚为蔡州（今河南汝田县）白石砚，此石色白微泛黄，肌理可见微细晶体星点，其性滑，发墨欠佳，故多作朱砚平坦，有朱砂痕迹。

明·长方形坑子岩端石砚

长 18 厘米，宽 12 厘米，厚 2.5 厘米

砚为坑子岩端石，色青紫带赤，色调均匀，粉砂泥质，石性坚柔致密。石上有翠斑、蕉叶白、青花结及胭脂晕等。砚作长方形门字淌池式，落潮处凸起有度，工精别致，颇具灵性。砚堂、墨池阔绰实用，美观大方。

明·如意池鳝鱼黄澄泥砚

长 16 厘米，宽 9.5 厘米，厚 3.5 厘米

砚为澄泥质，出自山西绛县，鳝鱼黄色，莹润纯净，质坚细腻。砚作长方形，砚堂平整，首部深挖如意墨池，其边缘起阳线，挺拔流畅，美观实用，为砚之灵性所在。

明·长方形蟹头红澄泥砚

长 17.5 厘米，宽 10.5 厘米，厚 2.5 厘米

砚作长方形，门字淌池式，砚冈雕刻圆滑秀丽，起伏得当，非制砚名家不能为。蟹头红澄泥砚出自山西绛县，色正纯净，质坚润泽，做工古拙实用，高雅风致，独具韵味，乃澄泥砚中佳品。

明·老坑端石砚

长 17.5 厘米，宽 15 厘米，厚 3.5 厘米

砚为端溪老坑子石，砚随石而制。除在砚首雕琢龙尾墨池外，别无动刀之处，砚堂微凹，乃天然成就。砚青紫色，莹晶润泽，质颇细腻，上有青花、冰纹及大片胭脂晕。形体敦实厚重，古拙大气，殊为实用。

明·文润斋端石抄手砚

长 18 厘米，宽 12 厘米，厚 3 厘米

砚系宋坑端石，色紫泛赤晕，质温润细腻。上有微细金星胭脂晕、马
尾纹及玫瑰紫青花等，应名列同类石前茅。砚作抄手式，砚堂与墨池相连
接，阔绰大度，唯用为上，可谓明砚中最具时代特征的抄手砚式。砚左侧
下方刻"文润斋"三字。

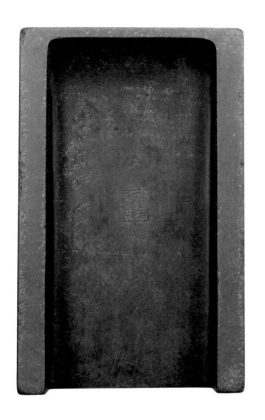

明·秋碧款纯黑龙尾石抄手砚

长 16.5 厘米，宽 10 厘米，厚 4 厘米

砚为纯黑龙尾石，性坚密莹洁，柔润细腻。石上布满银星和鱼子般的黑点——"鱼子纹"。色彩清白，石品精湛，可谓龙尾石之极品。砚作明代抄手式，简洁、实用、朴拙、大气，浅浮雕宝剑一把，横卧砚冈，工细入微，独具匠心。砚背中间钤"秋碧"二字篆印。

陈铎（生卒不详），字大声，号秋碧，明下邳（今邳县）人，工诗善画，尤精乐府。

明·蓝芳铭端石砚

长 25 厘米，宽 15 厘米，厚 3.2 厘米

砚为端溪盘古坑石，色紫泛赤如马肝，质坚柔细润似玉，石上有金星、胭脂晕、火捺、蕉叶白及猪干冻等。叩之木声，发墨如泛油，是宋坑诸石中之佳品。砚作长方形，平底，形体硕大，端庄气派。砚面平整，四周起栏线，挺拔平直，砚堂方正，阔绰实用，因磨砺年久微显低洼，砚首深挖横向长方墨池，宽深有度，以用至上。池左方浮雕松菊图，寓意长寿高洁，池右方镌楷书铭："白卉开尽菊始黄，木叶俱脱松犹苍。高品又生端岩上，独在陶篱杜草堂。"上旁细刻小楷"崇祯癸酉"四字，其旁钤篆书"蓝芳"小印。明代砚铭之风盛行，砚之艺术价值逐渐超越使用价值，而带铭文的砚台备受社会关注与推崇，被视为"砚宝"。

曰卉開邊翁始黄木未具
脫松猶蒼高品天生端岩
上獨在阿離杜草堂
崇禎癸酉

明·黄氏珍藏老坑端石砚

长 20 厘米，宽 12 厘米，厚 2 厘米

　　砚为老坑端石，色青紫泛蓝，质坚细润，石上有玫瑰紫青花、蕉叶白、胭脂火捺及鱼脑冻等。砚作长方偏长形，周边隆起，宽边砚缘，中间刻阴线饰之。砚堂浅凹，作顺水淌池，从落潮处至墨池雕刻云蝠纹，刻工精细传神，富有灵气。砚阴自然微洼，中间刻篆文"黄氏珍藏"四字。篆法朴拙，功力不凡，疑是黄莘田所藏。

明·六如铭澄泥瓦砚

长 13.5 厘米，宽 9 厘米，厚 2 厘米

砚为澄泥质，色蟹青偏黑，质坚密，出自山西绛县，四大名砚之一。砚仿"未央宫东阁瓦"，做工精致，古朴端庄，美观实用。砚背刻"未央宫东阁瓦"六字。砚额有唐寅题跋，字有剥蚀，难以辨认："天然一片瓦，琢就此奇形，北溟鱼龙舞，中华雨露生。"下署"六如"。

明·项子京铭端石砚

长 20 厘米，宽 13 厘米，厚 4 厘米

砚为端溪宋坑石，色若猪肝，质细柔和，发墨尤佳。石上有翠线、马尾纹、胭脂晕及猪肝冻，为宋坑上品。砚作长方形平底淌池式，典型明代做工。砚右侧上部刻"天籁阁"长方印，下部刻"项子京家藏"五字隶书。砚左侧题记"朱竹垞审定为端溪东洞石宋坑也"。

项元汴（1525—1590），字子京，能书善画，博物好古，为嘉靖、万历年间最著名的收藏家。

明·石田铭双履端石砚

长 8 厘米，宽 11 厘米，厚 1.5 厘米

砚为宋坑端石，色紫带赤，上有金星、胭脂晕等。砚作并排两砚堂、两墨池，称之为"双履砚"或"双联砚"，俗称"姐妹砚"。这种砚可以一边研朱砂，一边研墨，古人往往同时并用，故产生了这种砚。此砚不大，然而不失实用。在砚的左边墨池旁署有"石田"二字。

明·凤阁之宝端石砚

长 16.5 厘米，宽 12 厘米，厚 3 厘米

砚为宋坑端石，色紫泛赤，上有胭脂晕、青花，并缀以"高眼"，巧雕"卧牛望月"池。石眼虽小，难得正圆。砚底刻"凤阁之宝"四字方印。

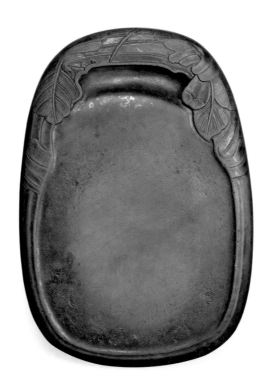

明·逸庐铭坑子岩端砚

长 20.5 厘米，宽 14 厘米，厚 3.5 厘米

砚为端溪坑子岩，色紫带赤，泛蓝晕。砚作椭圆形，砚底满雕蕉叶纹，叶片上翻，自然构成砚缘，砚堂阔绰有度，美观实用。砚背右下角叶茎间刻篆书"逸庐"款，并钤"永"字小方印。

明·松寿万年洮河石砚

长 13 厘米，宽 9 厘米，厚 4.3 厘米

砚为洮河绿石，近似绿豆色，质地细润，肌理缀以绿洮固有的黑色条纹，色相沉静，华而不艳。砚作椭圆形，十分厚重。砚堂平坦，落潮处雕刻松纹图，寓意长寿，砚首深琢半月形墨池，砚周边隆起，宽边砚缘，上面阴刻花纹饰之，砚背面横刻"松寿万年"四字。

清

代

清·秋叶形祁阳石砚

长 19.5 厘米，宽 10 厘米，厚 1.5 厘米

砚为祁阳石，出自湖南祁阳县，故得名。其色紫偏赤，石上浅绿飘带环绕，风采飘逸，色彩清丽。其肌理莹彻、温润、细腻，为沉砚良材。砚作秋叶形，叶面作砚堂，自然下凹，恰到好处，上端附两片小叶，一反一正，排列左右。左叶背面脉络清晰流畅，右叶正面作墨池，深浅有度，实用美观。整体构图生动雅致，别具艺心，实为书斋雅玩。

清·鱼跃龙门池洮河石砚

长 17 厘米，宽 11 厘米，厚 2 厘米

砚为绿洮河石，石上有黄膘纹并缀细泡状金星点，俏丽有姿，光彩夺目。其质温润细腻，发墨颇佳，可谓洮河石之佳品。砚作长方形，砚堂受墨处微洼，砚首镂雕"鱼跃龙门"墨池，砚堂与墨池以阴刻水波纹条带分隔，线条流畅，挺拔秀丽。整体造型古朴端庄，结构生动，疏朗有致，纹饰繁复，技法精湛，颇具清代制砚风格，实为古砚上乘之作。

清·椭圆形菊花石砚

长 18.5 厘米，宽 13 厘米，厚 3.5 厘米

砚为菊花石，色蟹青，微泛褐黄，质坚滑，发墨欠佳。砚作平底，开椭圆形池，中规中矩，宽绰有度，朴拙实用。砚首呈现银白菊一朵，舒展秀丽，自然天成。砚之造型古朴素雅，菊花图纹，率真而灵动，通身包浆，大色凝重，砚面宿墨存积浑厚，极具文化内涵。砚原本有木盒，惜盖已失落。

菊花石产于湖南浏阳永和镇浏阳河底，属动物化石系列，佳石难得，因此贵重。石上菊花纹饰，色、型各异，色分蟹青、蟹黄、褐灰等，菊有金黄菊、银白菊、金线菊、竹叶菊、蟹瓜菊等，有的枝叶并列，有的互相缠绕，形象生动自然。以此石制砚始于清乾隆时期。

清·蕉叶池老坑端石砚

长 14 厘米，宽 10 厘米，厚 1.5 厘米

砚为老坑端石，色正质细，上有微尘青花、蕉叶白、胭脂晕、金线及玫瑰紫条纹等。砚作蕉叶池、蕉叶翻卷，自然构成砚池，宽阔有度，美观实用，当为精品。附红木盒，其工亦精。

清·端溪古塔岩石渠砚

长 14.5 厘米，宽 9.5 厘米，厚 2 厘米

　　砚为古塔岩，色紫偏赤，呈玫瑰紫，晶莹可爱。质幼嫩，颇细腻，手感尤佳。石上有胭脂晕、玫瑰紫条纹及其特有的墨色斑点。砚作修长形，石渠式，又称城池式，周边三面琢深槽，首端中间琢凹形墨池，并与槽渠相连，而宽边砚缘线刻"寿"字纹。砚底四足浅平，其形制端庄古朴，工精规范，美观实用。

清·云凤旭日池端石砚

长 13 厘米，宽 9.5 厘米，厚 1.5 厘米

砚为坑子岩端石，色紫泛蓝，质细莹润，石上有翡翠线、黄龙纹及蕉叶白等。砚呈椭圆形，砚首浅浮雕"云凤旭日"池，工精别致，古朴实用。附红木盒，工艺精到。

清·长方形古塔岩端石砚

长 20.5 厘米，宽 14 厘米，厚 2 厘米

砚为古塔岩端石，色暗紫带赤，质坚细，石上有火捺、翡翠斑、黄龙纹以及该石独有的黑色小斑点。砚作长方形，砚堂宽阔平整，砚额深挖如意墨池，其旁浅浮雕松竹梅纹，刀工简练雅致，形制端庄大气。

清·一枝梅澄泥砚

长12厘米，宽12厘米，厚3厘米

砚为山西绛县澄泥质，色淡绿，呈绿豆颜色，属绿豆沙品种，莹洁清
澈淡雅，砚随形制之，砚面略微低洼，自然形成砚堂。砚首浮雕一枝梅，
枝干粗大，蜿蜒舒展，朵朵梅花，姿态各异。整体构图饱满，浑厚凝重，
颇具立体感。

清·葫芦池瓦砚

长 22 厘米，宽 15.5 厘米，厚 5 厘米

以古砖、瓦改制砚台，早在唐宋时期就有，至清代较为盛行。此砚就是清代改制的，色灰质坚，正面开葫芦池，其内墨锈厚积，而周边褐黄，土锈斑驳。背面印有麻布纹，古瓦常用之纹饰。整体造型规范生动，端庄实用，古拙浑厚，朴素无华。

葫芦谐音"福禄"，寓意多子多福。

清·贞石寿款古砖改制砚

长 25 厘米，宽 11 厘米，厚 4 厘米

　　此砚质地坚密，却缺少细润，叩之发声，而发墨欠佳。砚作长方偏长形，砚面深挖长方砚堂，砚首阴刻隶书"贞石寿"三字款。砚背印有粗麻布条纹并留有土，中间内刻篆文"后海"二字。

清·朵云纹老坑端云砚

长 17 厘米，宽 18 厘米，厚 3 厘米

砚为老坑端石，色紫灰，清澈，质细润，上有青花、火捺、蕉叶白、五彩钉及大片胭脂晕、鱼脑冻，色彩艳丽神奇。砚取景云形制，周边以云纹围绕，墨池由一朵浮云构成。作者因材施艺，恰到好处，格调高雅，浑厚大气。

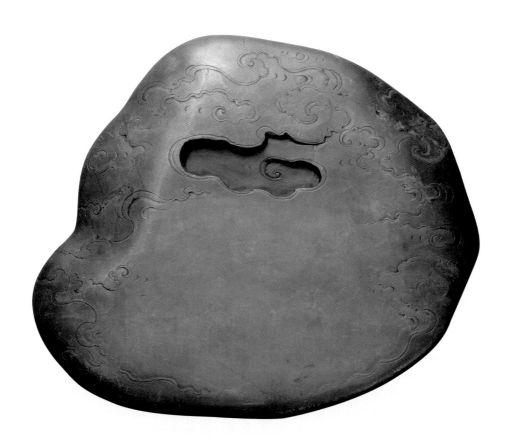

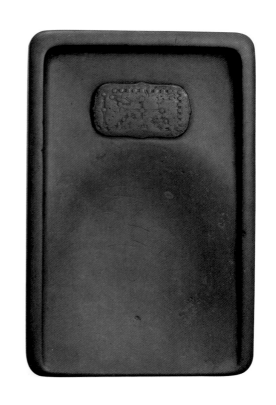

清·天青浮云冻端石砚

长 17 厘米，宽 11 厘米，厚 2.5 厘米

砚系老坑端石，色青紫含蓝晕，在天青地子上布以金星、金晕以及浮云冻等。此砚叩之有声，呵之生露。砚作长方淌池门字式，落潮处浮雕"天文星象"图，与肌理纹饰相呼应，颇见巧思。

清·金箔银星歙石砚

长 15 厘米，宽 10 厘米，厚 2.8 厘米

砚系歙石，质地坚缜细润，色泽多彩艳丽。砚面上微细银星分布，砚底如金星化雨，珍贵石品集结一石，实属难得，极为罕见。砚作长方淌池式，落潮冈坡圆滑流畅，墨池深浅有度，池旁刻变形云纹，线条构图疏朗有致，整体形制规整端庄，古朴实用。砚池宿墨留痕，斑斓可观，包浆古厚。砚贵雕工，尤贵石质。此砚做工好，石质尤佳，可谓绝无仅有，弥足珍贵，颇为藏家所爱。

清·老坑寒梅新月池端石砚

长 14.5 厘米，宽 10.5 厘米，厚 2 厘米

砚为老坑端石，色青紫泛蓝晕，莹润有佳。砚作椭圆形，砚首浮雕寒梅一株，枝旁深挖半月形墨池，工艺精湛，配红木盒，尤显气派。

清·荷叶池鱼子纹歙石砚

长 18 厘米，宽 18 厘米，厚 3 厘米

　　砚为龙尾石，色青碧，莹润纯净，质坚细，温润似玉。石上满布青黛微细鱼子斑，并缀以银白彩带，可谓歙中之珍。砚随石作卷荷叶形，荷叶翻卷自然成砚池，墨池一侧雕一青蛙，肌骨饱满，造型生动。砚背面叶脉、茎干曲卷自若，清晰流畅，高浮雕三海螺足，错落有致，挺拔稳健。本砚石优工精，寓意奥妙，称得上可赏可用的文房佳器。

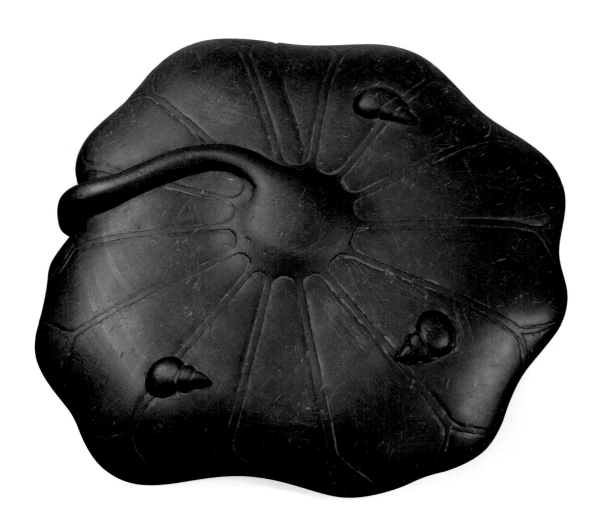

清·水波浪花纹老坑端石砚

长18厘米，宽12厘米，厚3厘米

　　砚为端溪老坑石，色青紫散蓝晕，质细柔润，石上有金线、微尘青花、水纹胭脂晕及鱼脑冻和虫蛀等。砚随形，除砚堂平素外，整体满雕水波式花纹，立意清新，雕刻精美，错落有致，诚为经典之作。

清·白端石门字砚

长 11.5 厘米，宽 8 厘米，厚 2 厘米

砚系白端，石色象牙白，清澈纯正，质细如婴肤。砚背缀以金线，随风飘摇，颇具动感。砚作
淌池门字式，砚堂平坦，墨池深凹，砚冈成牛舌状，起伏有度，圆滑流畅。砚缘三面隆起，呈门字
形，下端无堵，此乃明代门字砚特征。附红木盒，盖上嵌海蓝宝石，尤显华贵。

清·随形老坑端石砚

长 13.5 厘米，宽 10 厘米，厚 1.5 厘米

砚为老坑端石，色紫带青灰、莹晶、细润。砚随石作椭圆形淌池，池上方浮雕花纹，寓意如意，
挺拔秀丽。石上有天青、萍藻青花、鱼脑碎冻，其间还夹以黑色条带纹。砚附木盒，做工讲究。

清·双龙纹洮河石砚

长14厘米，宽9厘米，厚2.2厘米

砚为洮河石，出自甘肃临洮黄河支流洮河水底。洮河石有红绿之分，其治砚始于唐宋时期，是四大名砚之一。本砚为绿洮，色绿泛青蓝，带黄晕，正如古人云"洮砚贵如何，黄膘带绿波"。其质凝重，温润细腻，发墨不减端溪下岩。砚作长方形门字式，顺水淌池，落潮处细刻龙纹图，墨池周边宽缘凸起，上面浮雕对称龙纹，纤细清晰，刀工娴熟。其形制古拙实用，朴素端庄，符合清砚的特征。

清·双桃寿字沟渠歙石砚

长 17 厘米，宽 12 厘米，厚 2.5 厘米

砚为龙尾石，色纯黑，映光视之，银星闪烁，质坚密莹润，细如墨玉。砚呈长方形，镂雕双桃寿字，沟渠式，寓意长寿安康。该砚构图饱满，别开生面，雕刻精细而流畅。融实用与观赏于一体，令人赏心悦目，非治砚大师而不能为，是一方罕见的文房古砚。

清·二龙捧寿歙石砚

长 22 厘米，宽 14 厘米，厚 4 厘米

砚为婺源龙尾石，色绀青，紫气泛蓝，质坚密，尤其细润。石上布以金黄角浪纹，其色泽纹理各有特色，可谓两全其美。砚作平底，长方形。砚首雕"二龙捧寿"图，形神兼备，独具匠心。其砚形体硕大，浑朴厚重，率真大气，端庄实用。

清·大西洞端石平板砚

长 13.7 厘米，宽 9 厘米，厚 2.7 厘米

砚为大西洞石，色青紫泛蓝晕，色调雅致，质细娇嫩，呵气生露。石上有微尘青花、冰纹、鱼脑冻、蕉叶白及大片胭脂晕，石之优，殊为难得，故作板砚，免伤其天然纹理，成为"以赏为主，以用为辅"的艺术珍品。附原配黄花梨木盒，做工精致，盖上嵌翡翠饰片。

清·一字池老坑端石砚

长 15 厘米，宽 10 厘米，厚 2 厘米

砚为老坑端石，色紫泛蓝，质坚细润，石上有微尘青花、鱼脑冻、胭脂火捺、蕉叶白等。砚作平底，长方形，砚堂周边起阳线，砚额深挖"一"字墨池，池右侧浅浮雕"祥云瑞福"图。工简精到，规整大方，实用至上。附硬木盒。

清·随形老坑端石砚

长 18.5 厘米，宽 14 厘米，厚 3 厘米

砚之色泽、质地、品相俱佳，随形雕，若云若梯田，原生态势，砚面平开不规则形砚堂，砚首深凿大小两个虫蛀形状墨池，相互串通，相依成趣。其砚形制特别，构思独特，半工半璞，精雕细刻，取赏用皆宜之功能，是一方难能可贵的古砚。

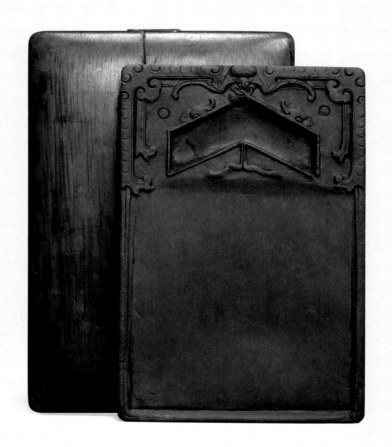

清·蝠磬纹老坑端石砚

长 17 厘米，宽 11.5 厘米，厚 1.5 厘米

砚为老坑端石，上有微尘青花、胭脂晕、鱼脑碎冻、五彩钉等。砚浮雕蝠磬纹，工细入微，格调高逸。原配硬木盒，工亦精致。

清·长方形棕黄松花石板砚

长 20 厘米，宽 13 厘米，厚 3 厘米

砚为松花石，又称"松玉"，出自吉林长白山地区松花江畔的砥石山。其治砚始于康熙四十一年，当时康熙帝特意为其撰写了《制砚说》，还把松花石砚定为宫廷用砚。

此砚作平板式，为赏其自然纹理，全身持素。其形制规整严谨，朴素雅致，为清早期板砚风格。其色棕黄淡雅，犹如蒸栗，质温润细腻，幼嫩纯净，石上有微妙的层理，纹饰轻柔，如同烟云空中飘浮，妙趣横生。论质地与色彩，当为松花石中珍稀之品。

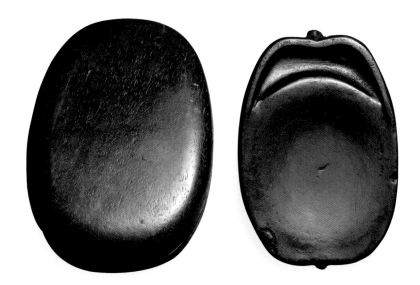

清·瓜形坑子岩端石砚

长 10 厘米，宽 6.8 厘米，厚 1.3 厘米

　　砚为端溪坑子岩石，色青紫泛蓝晕，莹洁清澈。上有微尘青花、胭脂晕及浮云冻等。砚工随石作瓜形砚，构思巧妙，雕工古拙，堂池开阔，实用大方。原配黄花梨木盒，线条圆融，相得益彰。

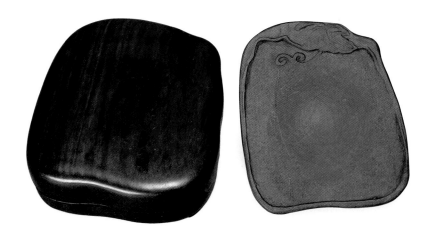

清·瓜样歙石砚

长 10 厘米，宽 8 厘米，厚 2.5 厘米

　　石出婺源龙尾溪，质地坚细，温润如玉，色泽发青，莹晶可爱。砚面及周边金银晕聚结成片，条条银线横贯砚背，用手抚之平如镜面，这般石品殊不多见。其刻工生动娴熟，线条流畅自然，砚体虽不大，而砚池相对丰圆，充分体现了古人治砚以用为上的理念。原配黄花梨木盒，工亦精到。

清·瓜池金银箔歙石砚

直径8厘米，厚1厘米

　　砚为婺源龙尾子石，色青黛，质细润，石上金银星聚结成片，形成金、银箔合璧，色泽交融，莹光闪烁，诚为歙石珍品。砚随石雕作瓜池，工精细作，边缘起叶。砚虽小，池堂开阔，形制别致，贵在实用，是一方不可多得的袖珍小砚。

清·黄龙石天砚

长 16 厘米，宽 8 厘米，厚 3.5 厘米

砚为黄龙子石，出自云南地区，色鳝黄，莹晶纯净，质坚温润，利墨益毫，是一方赏用双全的好砚。

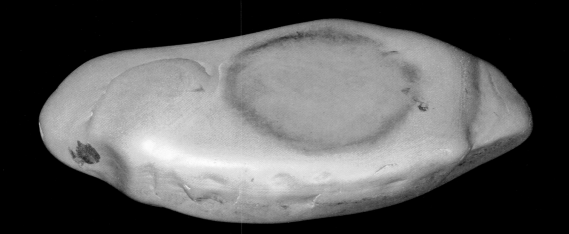

清·螺壳砚

长 16 厘米，宽 10 厘米，厚 3 厘米

砚以螺壳为之，内有旋线，中间洼凹，天成砚池，池内尚残留朱砂和墨的痕迹。其色白晶莹润泽，艳丽变幻，惜因年久边缘变质。其底座为黑色漆木，做工精致。

清·姚秉哲铭端石砚

长 17.5 厘米，宽 11.5 厘米，厚 2.7 厘米

砚为端溪坑子岩，色青紫带赤，泛蓝晕，有雾露蒙蒙之感，质细润，下墨、发墨双优。石上有金线、胭脂火捺、鱼脑冻及玫瑰紫青花。砚作长方形，平板式，周身平素，可赏可用。砚背有楷书铭："其体则正，其用则方。巧匠程材，刮垢磨光。七星岩畔，端溪水滨。穿穴抉石，宝光常新。如彼端人，正笏垂绅。君子是式，慎修其身，以昌其文。"旁下刻"雁门姚秉哲"。其下刻小字"秉"，钤"哲"小方印。楷书砚铭比较少见，其书法刚健苍劲，端庄秀丽，有深厚造诣。其砚铭妥帖，体现了文人爱砚之情怀。雁门姚秉哲，曾为《四库全书》编修之一。

清·汝青纯铭老坑端石砚

长 13.5 厘米，宽 10.5 厘米，厚 2 厘米

砚为端溪老坑紫石，质地细润坚柔，色泽紫蓝，莹洁。石上有微尘青花、金线、胭脂火捺、天青及黄龙纹，而砚背缀以多颗石眼，黄黑相间，圆润清丽。砚为随形子石，两面平素无饰，乃天然造就，谓之"天砚"。砚背有铭"星光明，云影淡，宜笔墨，无遗憾"。旁下刻"庚寅五月五日汝青纯"。铭文行书，字体清瘦疏朗，潇洒秀丽。

清·序伯珍玩朱雀纹汉瓦古砚

直径 17 厘米，高 2.7 厘米

秦汉宫殿砖瓦，质坚细润，制作精致，烧造工艺复杂、讲究。以其改制砚台，始于唐，盛于宋，流行于清。其年深日久，历史文化内涵丰厚，独具艺术感染力，非其他砚石所能有，故深受历代文人学士崇爱。明代王祎《王忠文集》中记述："汉未央宫诸殿瓦……其背平，可研墨，唐宋以来，人得之，即去其身，以为砚，故俗呼瓦头砚也……"明高濂在《遵生八笺》中记载宋米芾以古瓦片之半，就其形琢一莺砚，并刻"元章"方印。

这方朱雀汉瓦当砚，砚面上端满饰闲云纹，形姿各异，意艺相融。而砚背覆手琢一朱雀（又称朱鸟），躯体舒展，曲颈回首，尾翼羽毛错落有致，线条起伏，张弛有度，极尽流畅自然，传神感人。其右下角刻"序伯""珍玩"两方小印，印文挺拔，气韵高洁。

此砚质地坚细凝重，色泽黄褐润泽，砚池开阔大度，发墨实用，不亚于澄泥。刻工圆润，精细入微，古色包浆瑰丽，神韵盎然。实为文人雅士至珍至爱之器。

程庭鹭（1796—1858），字序伯，号蘅乡，嘉定（今上海）人，清代著名画家。

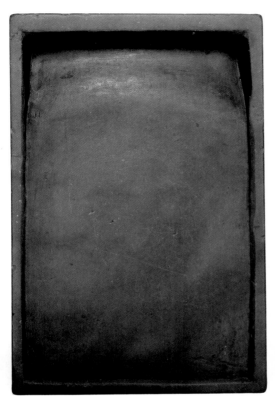
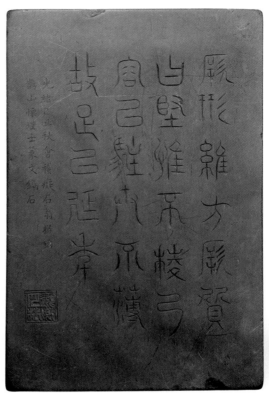

清·痴石翁等二人铭端石砚

长 20.5 厘米，宽 13.5 厘米，厚 4.5 厘米

　　砚为端溪水归洞石，色紫偏赤泛蓝晕，质细莹润，上有微尘青花、蕉叶白、猪肝冻及胭脂火捺等，属珍稀之材。砚作长方淌池式，平开砚堂，深挖墨池，四周隆起砚缘，工简明快，唯用为上，端庄厚重，朴素大方。砚背字铭："厥形维方，厥质曰坚，惟不棱乃容，以驻世不薄，故足以延年。"其旁镌"光绪己丑秋会稽痴石翁撰铭""鹊山怀璞士篆镌石"。下钤"逸卿巴林"四字方印。惜此二人皆不可考。

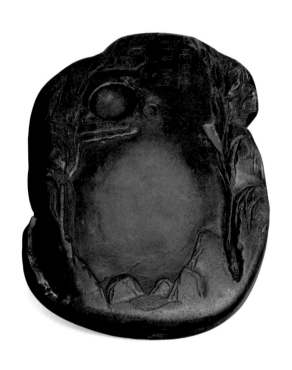

清·吴秉钧固斋高兆等铭端溪子石砚

长 24.5 厘米，宽 17 厘米，厚 4.5 厘米

砚为端溪水坑子石，色紫带青灰，质坚润细腻。石上有微尘青花、玫瑰紫火捺、鱼脑冻及黄龙纹等，边侧留有褐黄色石皮，砚随石雕"山水云月图"，如赤壁境地。砚面右上角刻袁伯铭"高风千古"，下钤"袁伯"小印。砚背右侧有隶书铭："守其静也，如仁而动，则惟水扩其动也；如知而静，则惟山得仁知之。乐者善其用于山水之间。"旁下刻"壬辰长至吴秉钧铭"。砚背左上方有楷书铭："个是苏公赤壁，千古英雄陈迹。聊供几案卧游，珍重端溪片石。"旁下落款"固斋高兆"四字。下钤"山阴吴氏珍玩"六字篆书长方印。

此砚石质、色泽双优，体大而厚重，雕工精细，构图得当，半工半璞，自然成景，且有多人题铭，故弥足珍贵，应为文房古砚中之重器。

吴秉钧（生卒年不详），字琰青，浙江山阴（今绍兴）人。

高兆（生卒年不详），字云客，号固斋居士，善诗，著有《观石录》等。

另，袁伯俟考。

清·郑孝胥铭端石砚

长 26.5 厘米，宽 20 厘米，厚 5.5 厘米

　　砚为麻子坑端石，随石琢龙纹及虫蛀池。受墨处久研低洼，体重浑厚，端庄大气。砚背铭："楼外青山最有情，黯然相对晓云生。会心不待闲言语，听取萧萧过雨声。"旁镌小字"子楠先生雅属"，下刻"孝胥"二字。

　　郑孝胥（1860—1938），字苏戡，号海藏，福建闽侯（今福州）人。清光绪举人，中国近现代诗人，书法家。

清·吴之璠制老坑端石砚

长 15.5 厘米，宽 9 厘米，厚 1.2 厘米

砚为端溪老坑石，色青灰带紫，质细润泽，上有金线、胭脂火捺、鱼脑碎冻、玫瑰紫、青花及冰纹冻等。砚未开池，素面无饰，匠师因材施艺，用纯熟的刀法与高超的切割技艺，塑造了其独特的砚式，半工半璞，自然神奇。"器以载道"是传统造物者追求的意境，唯有形神兼备，方可成就经典。砚背平整，左下角刻"吴之璠制"四字款。原装紫檀盒，契合度高，做工亦精到考究。

吴之璠（生卒年不详），字鲁珍，号东海道人，上海嘉定人，康熙前期竹雕名家，亦制砚名家。

清·张裕钊袁枚华嵒三人铭蕉园坑端石砚

长 18 厘米，宽 12.5 厘米，厚 5 厘米

　　砚为端溪蕉园坑石，属宋坑系列，色紫偏青，石上有大面积浅绿朵片，且豆绿石眼较多，有"有眼宋坑"称谓。蕉园坑洞位于鼎湖风景区，历来开采受限，故蕉园石砚稀少可贵。此石为粉砂质绢云母泥质板岩，含微细金星，软硬适度，下墨发墨俱佳，殊为优质砚材。砚作长方形，砚堂平直，左上方缀以豆绿石眼，圆晕而浑厚。落潮处镌篆书"福星砚"三字，书体端庄规整。砚缘线刻回纹，清细、挺拔、精致，具清代砚工典型特色。砚背有六个眼柱，大小不一，色泽豆绿。砚背右上侧铭："研号结邻为石友，简衔脉望作鱼书。"下刻"子才"二小字，旁钤"袁"字小方印。砚的左侧铭："证验古今，雕琢情性，贯练雅颂，洞鉴风骚。"下刻"张裕钊"并钤"作"字小印。砚的右侧为画家新罗山人铭："石含真趣溪光冷，云影澹然秋气清。"下刻"新罗山人"，旁钤小印"作"。

　　张裕钊（1823—1894），字廉卿，号濂亭。近代散文家，书法家。

　　袁枚（1716—1798），字子才，号简斋，浙江钱塘（今杭州）人。文学批评家，美食家。

　　华嵒（1682—1756），字秋岳，号新罗山人，清代著名画家。

清·张黼廷铭端石砚

长 7 厘米，宽 5 厘米，厚 1.5 厘米

砚为坑子岩，色紫微显灰赤，质地细润，上有微尘青花、金线、鱼脑碎冻及一"活眼"，莹绿而圆晕，砚雕云龙池，刀工娴熟，自然圆活。形体虽小，但不失灵性与实用。砚背有铭："云龙变化，墨海苍茫。咫尺千里，蠡测难量。"旁刻"道光癸巳春日"，旁下刻"会川张黼廷识"。铭文书法竖分两行，运笔自如，圆秀挺劲，功力不凡。

清·叔逵伯滔铭泊鸥跋藏端砚

长 17 厘米，宽 11 厘米，厚 3.5 厘米

砚系老坑端石，色青紫，散蓝晕，质细坚润，上有鱼脑冻、胭脂火捺、蕉叶白及玫瑰紫青花等。砚作长方形，顺水淌池，形制端庄厚重，简洁实用，美观大方。砚右侧有铭："其体方，其质润，以子为师，不陨厥问。"旁署"叔逵"，左侧刻"甲戌冬月伯滔观于武林"铭记。而在左砚缘下方刻"泊鸥跋珍藏"篆书五字。

沈心工（1870—1947），字叔逵，上海人。学堂乐歌的代表人物之一，中国音乐教育家。1890 年秀才，1902 年东渡日本，进东京弘文学院学习。一生作有乐歌 180 余首，为学堂乐歌运动做出了突出贡献。

吴滔（1840—1895），字伯滔，号疏林，浙江石门（今桐乡）人。清代著名画家，能诗工书，画山水兼能花卉，终年作画，绰然成家。一生作品颇富。

清·蔼却珍藏洮河石砚

长 17.5 厘米，宽 10 厘米，厚 3 厘米

　　砚系洮河绿石，色淡绿，泛蓝晕，美其名曰"绿漪石"，古有"洮砚贵如何，黄膘带绿波"之说。其质坚柔，温润细腻，呵气可墨，宜墨利毫，实用性强，宋代被收入"四大名砚"之列。砚作长方形淌池门字式，墨池一角雕一蜘蛛，刻画精细，饶有古趣，寓意"喜从天降"。砚的右侧篆书"蔼却书画之研"，下钤"蔼却珍藏"四字方印。其砚做工简洁明快，端庄秀雅，充分体现了古人以用至上的治砚理念。

清·张廷济查士标铭端砚板

长 15 厘米，宽 10 厘米，厚 2.5 厘米

砚为端溪宋坑石，色紫若猪肝，含蓝晕，质润有加，下墨快，发墨好。石上有胭脂火捺、马尾纹、玫瑰紫青花和猪肝冻等。砚板板砚形制，不伤其纹理而又不失其实用。砚两侧分别有名人题铭，左侧是查士标草书铭"身无长物食砚田"七字，下署款"士标"二字；右侧张廷济题"研经室珍藏"隶书五字铭，其下刻"道光二十年张廷济题"。书法遒劲圆润，干净利索，古韵幽然。此砚石材出彩，形制赏用皆宜，加上有二人铭文，诚为文房珍品。

张廷济（1768—1848），字顺安，号叔未，浙江嘉兴人，嘉庆三年（1798）解元。工诗词、书画，精金石考据之学，著有《清仪阁题跋》《眉寿堂集》等。

查士标（1615—1698），字二瞻，号梅壑散人，新安（今安徽休宁）人。流寓扬州，明末秀才，清初著名画家，尤善山水。与孙逸、汪之瑞、弘仁被称为"新安四家"。

清·顾二娘制老坑端石砚

长 12 厘米，宽 9 厘米，厚 2.2 厘米

砚为端溪老坑石，色青紫，润泽亮丽，上有金线、胭脂晕及萍藻青花等。作者因材施艺，作荷叶形制，砚堂与墨池的碾琢细致入微，大小适度，比例协调，清丽实用，颇具曲线美，不愧出自名家之手。砚背右侧长条格子内镌"吴门顾二娘造"六字朱文篆书，结体方正匀整，严谨凝炼。

顾二娘（生卒年不详），清初制砚大师，姓邹，吴门（今苏州）人，推算当生于康熙前期，卒于雍正年间。她嫁顾姓，公公顾德林为著名制砚家。丈夫顾启明，婚后不久过世，公公的手艺由她接续。她儿子顾公望也是治砚高手，康熙时期曾被选入内廷治砚。二娘的砚，精心设计，妙手碾琢，名噪一时，深受文人垂青，极其难求。

清·曹廷栋铭螺溪石砚

长 17 厘米，宽 13 厘米，厚 2.5 厘米

砚系螺溪石，出自台湾宝岛东螺溪，色紫泛赤，艳丽清澈，正背两面均有银沙斑点，光亮耀眼。背面有豆绿色条纹和圆点，类似端石上的"翡翠斑"和"死眼"。其质坚细温润，软中透硬，发墨尚佳，殊为实用，属优质砚材。砚仿汉唐莲花瓣池陶砚，构图简洁明快，古朴典雅，雕工流畅，特别是砚池弧形落潮处的碾琢，起伏有度，饱满圆润，而莲花瓣墨池的布局，舒展大方，深浅过渡恰到好处。砚底设三足，前端一扁圆足，后端二圆足，端庄稳重。在砚底中间刻"曹廷栋先生记"六字，字迹苍劲有力，尤显珍贵。

曹廷栋（1700—1785），字楷人，号六圃，浙江嘉善人，工诗文，通琴学，尤精养生学。

清·任伯年刻青竹图歙石砚

长 13 厘米，宽 9 厘米，厚 1.5 厘米

砚为庙前青歙石，豆青色，质莹晶、细润，上有金星、银晕纹饰，发墨好，利墨益毫。砚作蛋圆形，淌池式，工简实用。砚池宿墨留痕，整体包浆丰润，原配红木盒盖上有任伯年刻画的"青竹图"，其右下方阴刻行书"光绪戊子春二月伯年"，旁下钤"伯年"两方小印。

任伯年（1840—1896），原名任颐，字伯年，山阴（今浙江绍兴）人，清代著名画家，"海派"画家杰出代表人。

清·鹿原铭吴大澂藏澄泥砚

长 14 厘米，宽 10 厘米，厚 3 厘米

此砚取最优质澄泥石为之，鳝鱼黄，色纯正，坚细如玉，纹理轻柔，神韵自然，包浆光润，墨锈斑斓，为文房清赏之器。砚作平板，赏用皆宜，匠心可嘉。砚一侧有"鹿原林佶"四字。铭文字体端庄规范，圆润秀丽。另一侧钤"愙斋鉴藏印"。砚附檀木天地盖，做工讲究。盖中央镌"光绪己丑孟夏吴大澂藏"楷书。

林佶（1660—1739），字吉人，号鹿原，侯官（今福州）人，清代大藏书家。

吴大澂（1835—1902），字清卿，号恒轩，又号愙斋，吴县（今苏州）人，清代官员、学者、金石学家、书画家。

清·钱泳铭宋坑端石小砚

长 11.5 厘米，宽 8 厘米，厚 3 厘米

砚为宋坑石，色紫若猪肝，晶莹喜人。上有青花、胭脂晕及微尘般金星等。砚背有钱泳篆书铭"美酒佳砚引文心"，下钤"钱泳"印。铭文行笔规范，秀丽挺拔。

此砚小巧而浑厚，朴素而大方，可把玩而又不失实用，同时又是钱泳文房之器，尤显珍稀。

钱泳（1759—1844），字梅溪，号梅华溪居士，金匮（今无锡）人。清嘉道间著名学者，工八法，尤精隶书，兼诗画。有《说文识小录》《兰林集》等著作。

清·沈石友铭端石砚

长 12 厘米，宽 7 厘米，厚 3 厘米

砚作"太平有象"形制，以瓶肚为砚堂，以瓶口为墨池。砚体小而厚重，砚池不大而不失实用。砚背平坦，上有沈石友镌铭："药坡砚传至今，真赏何处延素心。"左下方刻"庚子中秋石友记"。砚铭文辞精练，含义深刻，而书法圆秀清劲，不愧出自名家之手。砚面纹饰布局严谨，层次分明，雕刻精到，堪称用意之作。

沈石友（1858—1917），字公周，号石友，江苏常熟人。清末民初人，古砚收藏大家。

清·南阜老人制老坑端石砚

长 16.5 厘米，宽 12 厘米，厚 2 厘米

砚系老坑石，色青紫，蓝晕，温润细腻，"滑不拒墨，涩不滞笔"。石上有微尘青花、猪肝冻、胭脂晕及鱼脑冻等。砚随形而制，砚面浅浮雕云龙纹，砚背巧雕貔貅吐珠图。正反两面的图纹，构思巧妙，布局得当，雕工精细，气韵生动，是一方不可多得的赏砚，而又不失实用，充分表现出了作者高超的艺术境界和大师风范。覆手内右侧镌"雍正乙卯年秋八月南阜老人造石"。南阜老人善刻行书，字字结构匀整，点划间藏风骨，清瘦疏朗。

高凤翰（1683—1740），字西园，号南村，又号南阜，山东胶州人。著名书画家，篆刻家，扬州八怪之一。

高凤翰一生坎坷，仕途不幸，其右臂致残后，仍坚持以左手作画、治砚、镌铭，其坚韧不拔的毅力和精神，着实感人。他为砚文化传承、创新、发展呕心沥血，贡献巨大。

清·韵竹铭鳝鱼黄澄泥砚

长 21 厘米，宽 13 厘米，厚 3.5 厘米

　　砚乃山西绛县澄泥质，与端、歙、洮砚合称"四大名砚"。澄泥砚是经过无数次澄的细泥为原料烧制而成，制作工艺非常复杂。其色泽有蟹壳青、玫瑰紫、绿豆沙及鳝鱼黄等，以鳝鱼黄最为出彩。本砚为鳝鱼黄，莹洁纯正，质硬坚实，湿润如玉，利墨益毫，是同类材质中上品。砚作长方形倭角，淌池式，砚堂与墨池连接，砚堂略微隆起，前低后高，向下倾斜。砚冈坡度圆滑流畅，雕琢十分讲究，增添了砚的灵性。整体做工简洁古朴，浑厚大度，非制砚大师而不能为。砚左侧镌楷书竖两行二十四字铭："质毗柔，炼使刚。体本重，裁使方。唯甄陶之功用，夫何用而不减。"下署"韵竹自铭"四字，亦楷书。所刻楷书字迹圆秀刚劲，洒脱自然。

　　附紫檀木天地盖，盖上镶饰绿松石，做工精致考究，同样亦属名匠所为。

清·许遇铭端石砚

长 19 厘米，宽 20.5 厘米，厚 4 厘米

砚为端溪宋坑石，色紫微泛赤，质坚略露锋芒，下墨快，发墨好。石上有微细金星和虫蛀穴。砚随石浅开椭圆形砚堂，并利用虫蛀巧雕朵云墨池，其周边浮雕云纹与之相衬，情景相融。砚首及其左右边沿浮雕螭龙，生动对称，具立体感。砚背雕祥云旭日图，中间刻许遇铭“端溪下岩，沙咕水注。如虫蚀木，巉屼击剸。脉望衔香，云霞展翠。濡墨挥毫，得少佳趣”。下刻“真意道人”，左旁钤“许遇”两方小印。

许遇（1650—1719），字不弃、真意，号花农、月溪，侯官（今福州）人，顺治间贡生。受诗于王士祯，长于七绝。善画松石梅竹。著有《紫滕花庵诗钞》。

端溪下巖沙嘴
水注如出蝕木峰
嶙瑴刮劂墾嶄
香畫畫展翠
濡墨輝毫浮少
佳趣真喜道人

清·梁章钜铭庙前洪歙石砚

长 19 厘米，宽 12 厘米，厚 3.4 厘米

砚为庙前洪歙石，色淡紫偏暗，润泽清丽，质坚细腻，莹晶如玉，发墨捷佳。石上金星金晕集聚，形态凝结，纹如冰冻，理如云飞，金光闪烁，奇迹天工，难得之材。

此"朵云池"砚，做工浑厚而刚直，墨池像一朵浮云隐动，形象生动，古茂别致。砚侧有梁章钜楷书铭"嘉庆戊寅仲秋福州梁章钜刊石"，下钤"茞中"方印。其书法精整而宽博，刚健苍劲，称得上名家之作。

梁章钜（1775—1849），字闳中，又字茞林，福建长乐人。嘉庆进士。官至江苏巡抚兼总督。

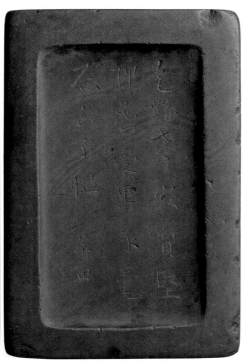

清·莘田铭老坑端石砚

长 12.6 厘米，宽 8.2 厘米，厚 2.4 厘米

砚为端溪老坑石，石色青紫，石理缜密，石性温润，泛蓝晕，石上有胭脂晕、马尾纹、鱼脑碎冻、小玫瑰紫青花等。砚取长方形，淌池式，落潮处浅浮雕变形龙，做工简洁素雅，实用大方。砚背一侧有莘田草书铭"色黯声寂，质坚理密。受墨承毫，居下不愠"，旁下署"莘田"。铭文与砚妥帖，书法风格潇洒俊秀，神韵自然。

黄任（1683—1768），字莘田，号十砚老人，永福（今福建永泰）人，康熙举人。工书，尤工诗，名重一时。有《香草斋集》《秋江集》等。

清·刘墉翁方纲黄易铭老坑端石砚

长 21.5 厘米，宽 14.5 厘米，厚 3.5 厘米

砚为端溪老坑石，色青紫微显赤，质坚密细润，上有微尘青花、胭脂晕、冰线、黄龙纹及金线光环，层次分明，光辉熠耀，堪称妙品。砚作长方形，淌池式，砚面四周突起，宽边砚缘，上附金黄色石皮，巧雕浮云朵朵，高低参差，令砚生辉。此砚形制别致，古砚厚泽，气度宏阔，殊为少见。砚背有刘墉题跋"河涨西来失旧徯，孤城浑在水光中。忽然归壑无寻处，千里禾麻一半空"，下署"石庵"。铭文书法，圆秀挺劲，颇具神态，由此可见大师风范。

砚左侧有翁方纲题记"己未仲夏前一日北平翁方纲观"。砚右侧为黄易题记"嘉庆甲子孟秋月小松黄易记"。

刘墉（1720—1804），字崇如，号石庵，山东诸城人，清朝大臣，著名书法家。

翁方纲（1733—1818），字正三，号覃溪，晚号苏斋，大兴（今北京）人。清大书法家，官至内阁学士，能诗文，精鉴赏。与同时代的刘墉、梁同书、王文治齐名。

黄易（1744—1802），号小松，仁和（今杭州）人，工诗文，画墨梅，兼工分隶篆刻。

清·雪樵铭澄泥砚

长 17.5 厘米，宽 11.5 厘米，厚 2.8 厘米

砚为澄泥质，坚密细润，色鳝黄，纯正晶莹，为同类砚之上品。砚作长方形，淌池门字式，砚堂与墨池交融，流畅自然，砚冈挺拔圆滑，有形有度，美观实用。砚右侧刻雪樵铭"汾水埴，元吉色，藻昭信，宜鉴德。五鹿砖，吁何则"，下刻"雪樵铭"三字，下钤"王"字小方印。

清代号雪樵者多人，有顺治、康熙进士，有书画家，篆刻家。此砚铭属何人难以确定。

清·道扶铭大西周太史砚

长 17 厘米，宽 10 厘米，厚 5.5 厘米

砚为端溪大西洞石，色青紫散蓝晕，质坚细腻，上有金线、鱼脑冻、冰纹、紫青花及胭脂火捺等。抚之湿润，呵之声露，发墨益毫，为砚中极品。砚作明太史式，砚面阔绰，两跗较高，转折柔和，其落潮处变陡峭为缓冲，且具坡度，而墨池边角度锐角为倭角，造型古朴大方，美观实用。左右砚缘上刻道扶题铭"其质坚而老，其形端而好。守之为田，蕴之为谦。永为馨山之宝"，下刻"丁卯春日道扶题"，下钤"丁未进士"方印。

曾王孙（1624—1699），字道扶，秀水（今浙江嘉兴）人，顺治进士。官汉中府司理。著有《清风堂集》。

清·竹垞铭老坑端石砚

长 16.5 厘米，宽 12 厘米，厚 2.5 厘米

　　砚为端溪老坑天然子石，色青紫带蓝，质坚细，温润若玉，上有金线、鱼脑冻、胭脂火捺及微尘青花。砚左右边侧留有赭皮，为之增添秀美风骨。砚随石作涧池式，实用美观，落落大方，半工半璞，简洁素雅。砚背竹垞刻隶书铭"采诸深渊鳝血在，边前估百后估千"，下署"竹垞"。所刻书法，挺拔清丽，字体疏朗，功力不凡，不愧为一代大家手笔。原配黄花梨木盒，工亦精致。

　　朱彝尊（1629——1709），字锡鬯，号竹垞，秀水（今浙江嘉兴）人。精于金石文史，清初大文学家，学者，著名藏家。

清·伯鹤汀铭红丝石砚

长 18 厘米，宽 13.5 厘米，厚 2.3 厘米

砚为山东益都红丝石，红地子上布黄丝纹，色正纯净，质细润泽。砚作椭圆形，琢花池，造型简洁，古朴实用。砚背平整，上镌篆书铭"壹气生光"，旁下刻"道光甲申秋"，其旁下刻"伯鹤汀珍藏并刻"。

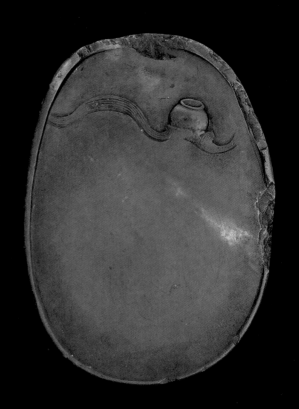

清·纪晓岚铭老坑端砚

长 13 厘米，宽 9 厘米，厚 1.5 厘米

砚为端溪老坑子石，色青紫泛蓝晕，质坚柔细润，石上有冰纹、微尘青花、蕉叶白、鱼脑碎冻、胭脂火捺，石品纹理绚丽多彩。砚随石作椭圆形，周边凸起阳线构成砚池，呈浅淌池式，可赏可用，简洁清雅。砚背有纪晓岚铭："似出自然，而非自然，然亦渐近于自然。"旁下署名"晓岚"。

纪昀（1724—1805），字晓岚，号石云，河北献县人，乾隆进士。官至礼部尚书、右都御史等，曾任四库全书馆总纂官。著有《纪文达公遗集》《阅微草堂笔记》等。

清·金士松铭麻子坑端石砚

长 14.5 厘米，宽 10 厘米，厚 1.8 厘米

砚为端溪麻子坑子石，色青紫带蓝，质细油润，上有青花、蕉叶白、鱼脑碎冻、杉木纹及胭脂火捺，两侧附褐黄色石皮，天赠神韵。砚随石作椭圆形，淌池式。形制简洁平素，古朴实用，又不失秀美与灵气。砚池下方边缘刻"萦青缭白"篆书四字。原配黄花梨木盒，盒上嵌宝石碧玺饰之。砚背中间有听涛镌铭："流石髓，割云腴，校书天禄尔是需。"下钤"听涛"长方小印。

金士松（1718—1800），字亭立，号听涛，江苏吴江人，清代乾隆进士，官至兵部尚书。

清·纪晓岚铭端石砚

长 19 厘米，宽 13 厘米，厚 5 厘米

砚为端溪坑子岩，色青紫稍带赤，颜色均匀莹净，质地坚实温润。石上只有玫瑰紫青花与胭脂火捺显现，不像老坑或麻子坑石色彩斑斓。紫端色调单一，晶莹纯正，如同本砚者并不多见。砚作长方形倭角，四周起宽边砚缘，砚堂平坦开阔。上端雕云龙纹墨池，深凹有度，妙手巧成。砚背雕刻"布袋和尚图"，工精得体，安然自在。其上方镌行书"乾隆丁未年春月下浣"，落款"友石"。友石何人俟考。砚下端边栏镌"阮氏珍玩"四字。砚两侧为纪晓岚行书铭："此董拓，林相国所赠，古色黯然，当是数百年外物，恍惚记忆似曾见之，斯舆堂也。嘉庆癸亥七月，晓岚。"下刻"纪"字白文小印。铭文书法行笔规范，潇洒流畅，不愧为大家之作。此砚形制规整，做工精到，浑朴厚重，端庄实用。特别是三人铭识于一砚，实为珍贵难得。

阮元（1764—1849），字伯元，号芸台，仪征（今扬州）人，先后任礼部、兵部、户部侍郎。

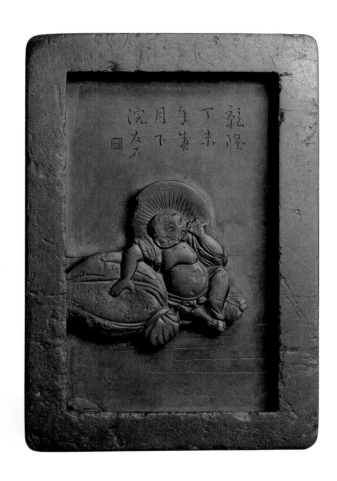

清·右甫铭端石板砚

长 22 厘米，宽 14 厘米，厚 3 厘米

砚为端溪古塔岩，色紫带赤，紫红泛白晕，质莹润细腻，呵气可生涓滴，石上有蕉叶白、胭脂晕，并有翡翠线夹杂以青黛彩带，宛如细雨从天而降，饶有诗情画意，另有数颗米粒大珊瑚石眼点缀其间，色泽纯正。而在砚的另一面缀以金藻纹，或聚或散或连成片，姿态迥然。本砚质地、纹理均属一流，可谓端中别品，以至砚工不忍动刀，故做板砚，留其天然面目，当然亦不失实用。砚的一侧有右甫篆书线刻铭"端溪之石，琢以作研，精良之品，仕人珍藏"，下署行书"右甫自铭"四字。而砚的另一侧刻"塔坑异产"四个大字，下钤"冻井山房"四字。

朱为弼（1770—1840），字右甫，号椒堂，浙江平湖人，官至漕运总督。

清·王时敏铭老坑端砚

长 20 厘米，宽 12 厘米，厚 3.5 厘米

砚为端溪老坑石，色青紫，散发蓝晕，质坚细，莹润亮丽。石上有天青、蕉叶白、胭脂火捺、鱼脑冻等。砚作淌池门字式，砚冈浮雕变形龙，略泐。砚背有王时敏隶书铭"墨浪翻兮蛟龙驱，文成兮而太史奏，五云见于天衢"，旁下署"烟客山人"款，亦隶书。铭文题跋气魄恢宏，格调高远，笔力刚健，诚为名家名作。

王时敏（1592—1680），字逊之，号烟客，又号西庐老人，江苏太仓人。与王翚、王原祁、王鉴合称"四王"。兼工隶书，能诗文，有《西田集》《西庐诗草》等著作。

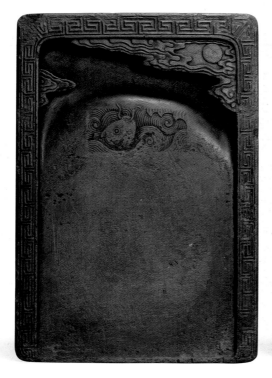

清·周世德铭歙石砚

长 19 厘米，宽 12 厘米，厚 3 厘米

　　砚为婺源龙尾石，产自水中，上有细罗纹，如"谷理""漪纹"，且满布金晕，造化神奇。砚作长方形，门字式，砚首雕"祥云满月"池，砚堂浅平，落潮处浅浮雕鱼跃纹，三边砚缘同宽，上刻对称回纹。砚背覆手内有周世德题铭"歙州之石，端溪之德，纯且粹尔如乌金，坚而润石墨相济"，旁下刻"千石道人周世德铭"。铭文楷书书法，落笔精准，字迹秀丽，为大家之作。

　　此砚石质优越，形制规整，雕工精湛，且有名人题跋，颇具灵气及文化内涵，可视为有品位的古砚之一。

　　周世德（生卒年不详），字绳武，山西洪洞布衣。著名画家，善兰竹。

清·南沙蒋溥铭端石砚

长 23.5 厘米，宽 12 厘米，厚 3.5 厘米

　　砚为端溪白线岩第三层坑石，色青紫，微泛赤，质坚细温润，发墨益毫。石上有白线暗浮石面，似白筋，又若冰纹，格外素雅。砚作平底，长方偏长形，四周边刻阴线围城砚缘。砚堂与墨池隔断，砚首高出砚堂，并深琢荷叶形墨池，其周围浮雕水波纹。砚堂阔绰，占砚面三分之二，颇为实用，而受墨处因久用明显低凹。砚阴镌竖两行十六字铭："满院松风，钟鸣僧舍，半窗花月，影依道家。"下署"南沙蒋溥"四字。铭文书法运笔自如，圆秀清劲。

　　蒋溥（1708—1761），字质甫，号恒轩，江苏常熟人。清代大臣，官至东阁学士兼户部尚书。

満院松底鐘鳴僧舍
空窗花月影侵道家

南沙藤溝

清·寿臣刻吉初铭歙石砚

长 17.2 厘米，宽 11.5 厘米，厚 4.4 厘米

　　砚系婺源龙尾石，色乌黑纯正，质坚细润，银白间青黛波澜成形，质地、色泽双优，诚为砚中之冠材。砚作长方形，开椭圆形墨池，简洁朴素，古拙实用，充分体现了古人唯用为上的制砚理念。砚额上有寿臣题铭吉初铭"燕颔、虎头以取封侯，安能久事笔砚"，旁下刻"寿臣刻"。均为楷书，端正规范，功力不凡。

　　黄宗汉（？—1864），又名寿臣，福建晋江（今泉州）人，道光进士。任浙江巡抚等职。

清·雪村居士跋老坑端石砚

长 18 厘米，宽 11 厘米，厚 2 厘米

　　砚作长方形，淌池门字形制，具清早期特征。其质细腻、密度高、压手，叩之木声。其色淡紫，微显粉赤，纯正秀丽。石上有青花、胭脂晕、翠斑及鱼脑冻等，砚背覆手内刻雪村题跋："夫砚产自端州，形凝神静，方正不移，岂惧墨劲？江上之美石形如颓月，范纯有佳砚，取名涵星，呵则水流，坚可试金。"旁刻"癸卯十月既望"，下刻"雪村居士跋"。

　　戴瀚（生卒年不详），字巨川，号雪村，清上元（今南昌）人。雍正进士，官至侍讲学士。善画马，工诗。性爱梅，著有《探梅集》《雪村诗稿》。

清·黄日起铭歙石砚

长 19 厘米，宽 12 厘米，厚 3 厘米

　　石色青灰，上有细罗纹，如罗谷，缀以金线、金晕，润泽清丽。砚作长方形，雕琢"鸿雁传书"池，构图绰约有姿，雕刻栩栩如生。砚两侧有黄日起镌铭："砚北聊娱隐，墙东岂避人。"旁下署款"黄日起"。其铭文书法，粗犷挺拔，功力超群。

　　黄日起（生卒年不详），字伊旦，号桐蓭，清著名画家。吴县（今苏州）人。

清·小琅嬛研山

长 26.5，高 15 厘米，厚 6 厘米

研山为端溪北坑子石，整体以枣红皮包裹，色泽光润亮丽。石正面附一片豆绿色，巧雕枝枝绿细竹子，可谓"风含翠篠娟娟净"，其右下角刻行书"绿篠媚清涟"五字。铭文字迹秀丽，妙笔生辉，属书刻高手所为。

研山为天然子石，形体硕大，殊为难得，巧色雕琢，自然生动。

清·吴俊卿铭澄泥砚

长 18.5 厘米，宽 14 厘米，厚 2.5 厘米

　　砚为澄泥石质，鳝黄色，清澈纯正，质坚密，温润细腻。古人评砚看重发墨如何，此砚发墨如同端、歙水岩，堪称澄泥砚上品。砚作不规则形，砚面浅平，阔绰实用。砚首浮雕"松下驯牛图"，设计巧妙，比例协调，神态入微，独具匠心。砚背平坦，上有吴俊卿草书题跋："麒麟斗，日月蚀。坐东山，抱此石。写感事诗天地窄。"旁刻"丙午之春"，下款署"吴俊卿"，皆草书。铭者善草书，荡笔起锋，苍劲有力，流畅奔放，显示了一代大艺术家的自信与功力。

　　吴昌硕（1844—1927），名俊卿，字昌硕，号仓石、缶庐，浙江安吉人。尤精篆刻，创为一派。西泠印社首任社长。

清·蛋圆形豹皮歙石砚

长 18 厘米，宽 12 厘米，厚 3 厘米

砚为歙石，豹皮色，豹皮纹，质地细腻润泽，映光可见微尘般金星闪烁。砚作蛋圆形汤池，砚堂墨池宽绰，实用大度，刀法雄浑，素雅脱俗。

清·随形蝙蝠池老坑端石砚

长 15 厘米，宽 12 厘米，厚 2 厘米

砚为老坑端石，色青紫泛蓝，色泽纯正，上有微尘青花、胭脂晕、鱼脑碎冻等，砚随形而作，利用砚额黄皮巧雕蝙蝠如意池，工细到位，儒雅脱俗。墨池深凹，砚堂宽大，体现了昔人制砚以实用至上的理念。

清·淌池老坑端石砚

长 14.5 厘米，宽 10.5 厘米，厚 2 厘米

砚为端溪老坑石，色青紫泛蓝，色泽艳丽，质坚柔细腻，莹晶如玉，上有胭脂火捺、翠斑、金钱、玫瑰紫、青花以及鱼脑碎冻等。砚作平底淌池式，四周起缘围之，工简古拙，突出实用。附黄花梨木盒，淡雅而华贵。

清·椭圆形花池端石砚

长 13.5 厘米，宽 9.5 厘米，厚 3.3 厘米

砚为宋坑石，色青紫泛赤，近似猪肝，清澈幼嫩，细润如婴肤。发墨极佳，映光可见石上微细金星闪耀，是宋坑石中佳品。砚制椭圆形，砚堂开阔微凹，花形墨池深浅适度，雕琢精巧实用。本砚形制规整严谨，素雅别致，符合清制砚风格。

清·云鹤池歙石砚

长 17 厘米，宽 11.5 厘米，厚 2 厘米

砚为歙石，色淡青，质细润，石上满布细罗纹，其间夹杂以金银星晕，天然纹理精美，可列同类石前列。砚作淌池门字式，落潮处浮雕"云鹤图"，刀法挺拔旷达，秀丽洒脱，是一方赏用皆宜的古砚。

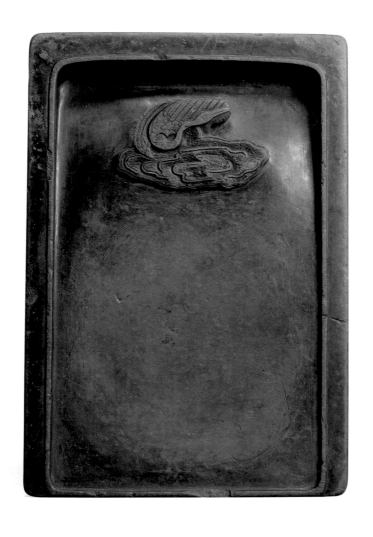

清·如意图龙尾石砚

长 17 厘米，宽 11 厘米，厚 2 厘米

砚为黑龙尾石，色泽纯正莹晶，质坚柔温润。砚面、砚底满布纯粹金银星点，大小不一，疏密不等，有的凝结一体，有的各居一方，宛如辰星。这般纯粹金银星纹饰的歙石罕见。砚作长方形，淌池式，四周起宽边，砚缘、砚堂平整，落潮处高浮雕横置"如意图"，挺拔秀丽，古拙素雅。

清·变形云龙池端石砚

长 11.3 厘米，宽 8.6 厘米，厚 2.3 厘米

砚系端溪老坑石，色青紫，微泛蓝，质细温润，发墨颇优。石上有翠斑、冰纹冻及玫瑰紫花等。砚作平底长方形，砚面平整，砚首精刻变形云龙墨池，端庄大方，实用美观。

清·鱼子银星歙石砚

长 13.5 厘米，宽 8.3 厘米，厚 2.5 厘米

砚为青碧色，石上满布鱼子纹，并夹杂微细银星点点闪烁。砚作抄手式，砚堂下端起沿有堵，此乃清工特征。砚冈雕琢圆滑有度，起伏恰到好处。此砚不仅石质好，做工亦颇佳，是一方精美的古砚。原配紫檀木盒，制作亦精。

清·织女支机石砚

长 15.5 厘米，宽 9.5 厘米，厚 3 厘米

砚之色泽与质地近似端石，作长方形，雕双鸭戏水池，砚堂平浅，久用显凹，墨池深峻，形制古拙实用，做工精湛脱俗。砚背一侧刻"织女支机石"五字，下钤"织女"小印。

清·长方形麻子坑石端砚

长 15 厘米，宽 5 厘米，厚 2 厘米

砚取麻子坑石制成，其色黄猪肝略微泛蓝，有青花点、胭脂晕、蕉叶白以及翡翠斑等。砚工在砚额上高浮雕琢成金蟾蜍戏珠图案，形象生动，浑然天成。此砚整体做工精致，简练实用。

清·如意池麻子坑端石砚

长 13.5 厘米，宽 10 厘米，厚 2 厘米

砚为端溪麻子坑石，色青紫泛蓝晕，莹洁润泽，石上有胭脂晕、雨淋青花及翡翠斑等，其质坚密温润，细腻有加。砚作椭圆形，开浅浮雕双如意池，用刀精到，寓意吉祥。

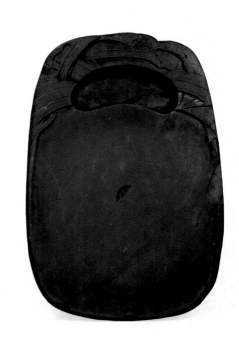

清·蕉叶池老坑端石砚

长 15.3 厘米，宽 10 厘米，厚 2 厘米

砚为老坑子岩石，色青紫莹润，石上有翠斑、金线、蕉叶白、铁捺、胭脂晕以及鱼脑冻等。砚作平底，椭圆形砚首雕蕉叶池，砚堂平整阔绰，古拙端庄，实用美观。

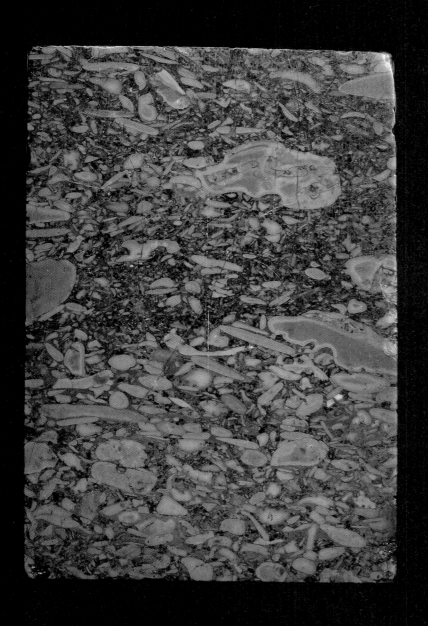

清·豆斑石平板砚

长 14 厘米，宽 9 厘米，厚 3.5 厘米

砚为豆斑石，在绿色地子上满布灰黄豆斑纹，大小不同，形状不等，色泽多变，光彩夺目。砚质坚柔润，光滑细腻，作平板式，可赏其肌理而又不失实用。

清·椭圆形老坑端石砚

长 14.5 厘米，宽 9 厘米，厚 1.5 厘米

砚系老坑端石，青紫色散蓝晕，细腻润泽，上有金线、蕉叶白及鱼脑碎冻石等。砚随形雕"云浮如一池"砚堂，平坦宽阔，周边起阳线，构图简练，别开生面。原配红木盒。砚首有残，四处有涡。

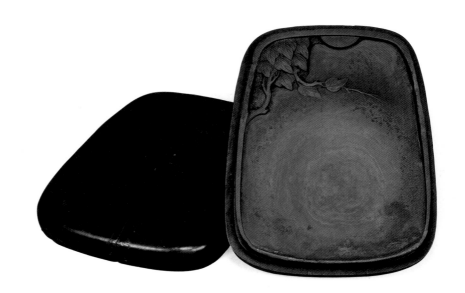

清·梧桐旭日纹老坑端石砚

长 14.3 厘米，宽 11 厘米，厚 1.5 厘米

砚为老坑端石，色青紫泛赤，莹洁润泽，质坚柔，光滑细腻。石上有天青、胭脂晕、青花及鱼脑冻等，为同类石之上品。砚作椭圆形，淌池式，周边随形琢砚缘，砚堂平坦阔绰，甚是实用。砚首浮雕梧桐树，枝叶繁茂，叶脉清晰，昔人视梧桐树为吉祥的象征。树荫处为墨池，墨池上方砚额处浮雕半轮升起的旭日，寓意"指日高升"。此砚造型古朴别致，制作精巧，所配红木盒，做工亦甚精良，应为清中期之作。

清·金星对眉子歙石砚

长 15.5 厘米，宽 11 厘米，厚 2 厘米

砚为婺源龙尾石，色青碧泛蓝晕，质坚细润，砚面、砚背均缀有眉子纹，并夹杂以金星，当为同类石之上品。砚作长方形，蕉叶池，叶沿扬起，自然构成砚池，砚堂与墨池相连，宽绰有度，颇为实用，又不失清雅端庄。

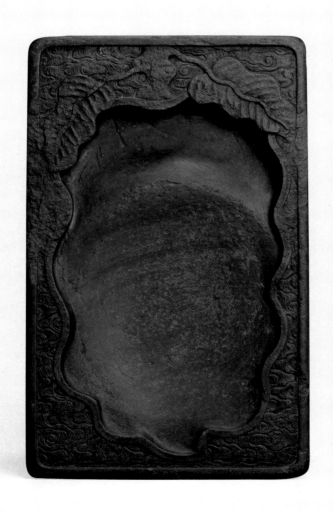

清·蛋圆池纯黑龙尾石歙砚

长 16 厘米，宽 10.4 厘米，厚 2.6 厘米

　　砚为纯黑龙尾石，出自婺源龙尾山水中，色泽纯正，伴以银星，斑点别致鳞比，质地通灵，妙趣天成。其质坚细莹晶，叩之发声，呵气成晕，利墨益毫，可谓龙尾石中上品，实不多见。其工简洁素雅，典雅大方，砚首深挖椭圆形墨池，以利蓄墨，砚周边起阳线围成砚堂，宽绰有度，大小得当，充分体现了古人制砚以用为上的理念。砚上墨锈凝重，包浆光泽可人。

清·门字式老坑端石砚

长 13 厘米，宽 9 厘米，厚 2 厘米

砚为老坑端石，色青紫，质细润，上有金线、青花、鱼脑冻、天青及大片胭脂晕等。砚堂长方形，门字式，四周突起宽边砚缘，砚堂与墨池相连，堂池阔绰有度，以实用为上。做工简洁明快，古朴素雅。原配紫檀木盒，工亦精致。

清·冰心铭玉壶池老坑端石砚

长 13.5 厘米，宽 9.2 厘米，厚 1.8 厘米

砚为端溪老坑石，色青紫泛蓝晕，细腻柔润，上有金线、胭脂火捺、蕉叶白、鱼脑冻以及寓意喜庆吉祥的玫瑰紫青花等。砚作椭圆形，以"玉壶"二字琢成淌池式，砚池和覆手为"壶"，创意独具，刀工精巧，其造型布局严谨精到。砚背中下刻篆"冰心"款署。原配紫檀木盒，盖上嵌白玉女半身像，雕工精致。

清·贾桢铭端石砚

长 15.5 厘米，宽 9.5 厘米，厚 1.5 厘米

砚材为坑子岩石，色紫，质细，上有火捺、青花、胭脂晕、黄龙
纹及鱼脑碎冻石。砚随形琢瓜瓞池，砚堂平整，开阔，实用。受墨处
因久研，微凹，历经沧桑，可见一斑。砚背有贾桢隶书题铭"文章今
古事，书道一生功。"附硬木盒，盒盖上亦刻有同样诗句。

贾桢（1798—1874），字艺林，号筠堂，山东黄县人，道光进
士。咸丰间累官武英殿大学士。

清·傅玉露铭端石砚

长13厘米，宽9厘米，厚2厘米

砚为端溪老坑石，色紫含蓝晕，上有金线、胭脂晕、玫瑰、紫青花和五个石眼。砚作长方形，淌池式，形制简扼实用，方正素雅，颇具清早期制砚风格。砚背有傅玉露行书铭："产于粤，游于燕，吴顾氏画井田。伴我芸阁归林泉，如影随形二十年。"下款署"傅玉露"。

傅玉露（生卒年不详），字良木，号玉笋，会稽（今绍兴）人。康熙进士。著有《玉笋山房集》《西湖志》等。

清·筠友款老坑端砚

长 14.5 厘米，宽 9 厘米，厚 2.5 厘米

　　砚为老坑端石，色青紫泛蓝晕，质坚细润，上有天青胭脂晕、金线、鱼脑冻等。色彩清丽。砚作长方形，淌池式，简洁素雅，古朴实用，诚为文房赏用之雅器。砚背左下方款署"筠友"二字。原配紫檀木盒，内挂漆，工亦精致。

清·松坡款端石砚

长13厘米，宽12厘米，厚2厘米

砚为宋坑端石，色紫带赤，质坚微露锋芒，发墨颇佳。石上有马尾纹、胭脂火捺并满布微细金星。砚作长方形，淌池式，古拙，简练，实用。在左侧下方署"松坡"款。

王大淮（1810—1884），字松坡，号海门。天津人，道光十九年（1839）曲阜县令。善诗画。

清·田生铭拜匏端石砚

长 17.5 厘米，宽 11.3 厘米，厚 3.2 厘米

　　砚为老坑端石，色青紫，微泛蓝晕，清澈莹洁，质坚而柔，温润细腻，石上有胭脂火捺、鱼脑碎冻、玫瑰紫青花及冰纹冻等。砚作长方形，淌池式，落潮处浮雕一"新月"形制，简洁明快，古拙素雅。砚背上方刻凹形"匏"（葫芦），其下所镌行书铭文，字迹漫漶，无法辨识。砚上侧镌隶书"拜匏"，旁刻楷书"甸"字，左钤"田生"长方小印。此砚背刻葫芦，构图生动雅致，堪称妙品。葫芦谐音"福禄"，寓意子子孙孙繁茂吉祥，代代相传。

　　余甸（1655—1726），字田生，福建福清人，官至顺天府丞。

清·王文源铭端石砚

长 17 厘米，宽 11 厘米，厚 2.5 厘米

　　此砚取材于端溪宋坑石，砚作长方形，砚面平坦，受墨处久用微凹，砚额碾琢"一"字形墨池。工简淳朴，落落大方，符合明末清初治砚特征。砚背上端有王文源行书铭："落落莫莫，纯茂而朴。俨如端人，芙蕤晨夕。"铭旁刻"乾隆辛巳生"，下署"王文源赏"，亦为行书。

　　王文源（生卒年不详），字学海，号梦圃，乾隆四十四年（1779）举人。

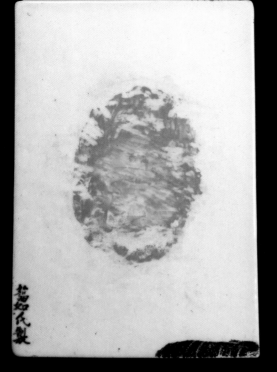

清·蔼如氏制四足瓷砚板

长 24 厘米，宽 16 厘米，厚 2.5 厘米

砚为甜白瓷砚板，四足平面，堂池开绰，可用于捺笔或用于研朱墨。砚面留有朱墨痕迹，砚左下角书"蔼如氏制"青花四字款。

清·蕉林收藏井池赭石砚

长 14.6 厘米，宽 10.5 厘米，厚 3 厘米

砚为赭石，出自江西省修水县。修水古称洪州分宁，以此石制砚始于唐代。赭石有土坑和水坑之分，土坑石产在洪州分宁的深土中，色彩斑斓，犹若玳瑁，质坚细可为砚；水坑石色紫，出自武潭家埠紫石潭（今修水征村乡）潭水中，质地坚柔细润，发墨利毫，类似端石。

本砚为水坑赭石，色紫偏赤，质地坚凝，温润细腻，下墨快，发墨好，石上有金晕显现，色泽变幻神奇，殊为难得砚材。砚作长方形，井字池，砚堂平整，久研低凹，砚背左下角钤有长方形"蕉林收藏"印。

朱衍（1620—1690），字蕉林，居松江（今上海），工诗画。

清·贾三毛铭洮河石板砚

长 11.5 厘米，宽 10 厘米，厚 4 厘米

砚为洮河石，色淡绿，黄膘铺底，古有"洮砚贵如何，黄膘带绿波"之说，而青黛条纹也是洮河石固有的纹饰。其质坚柔细润，石之纹理宛若褐黄绿波云团，色彩生动，妙趣横生。砚作平板式，可赏可用。砚一侧有贾三毛题跋"坚北秋霜捣玉杵，虚如夜日照文砧"，下钤篆书"贾三毛印"四字方章。铭文书法秀雅，神韵自然。

清·刘桂舟铭歙石砚

长 12.7 厘米，宽 10 厘米，厚 3.5 厘米

砚为婺源龙尾石，色黑纯正，莹晶细润，属歙石上品。上有金晕团，酷似空中一朵白云，自然神奇。砚作椭圆形，开公字池，砚首浮雕梅花争艳图，线条挺拔清丽。底设扁薄四足，内刻刘桂舟书铭："五百年间云气收，弹丸黄色此其俦。远来若问用者谁，道是江南刘桂舟。"旁下钤"厚沐""桂舟"两方小印。原配紫檀天地盖，契合优，做工精致。

清·张笃行铭歙石砚

直径 19 厘米，厚 2.5 厘米

砚以歙石制作，八角形，开环渠池，砚堂内凹，开阔实用，其色青灰，质细莹润，石上有金晕及青黛水波纹，映光可见微细银星。砚背平整，上镌刻"桃花源里人家"六字隶书，旁刻"顺治四年郏县知县"行书八字，旁下刻"张笃行家珍"五字，亦行书。

此砚曾入过土，土浸味浓重。

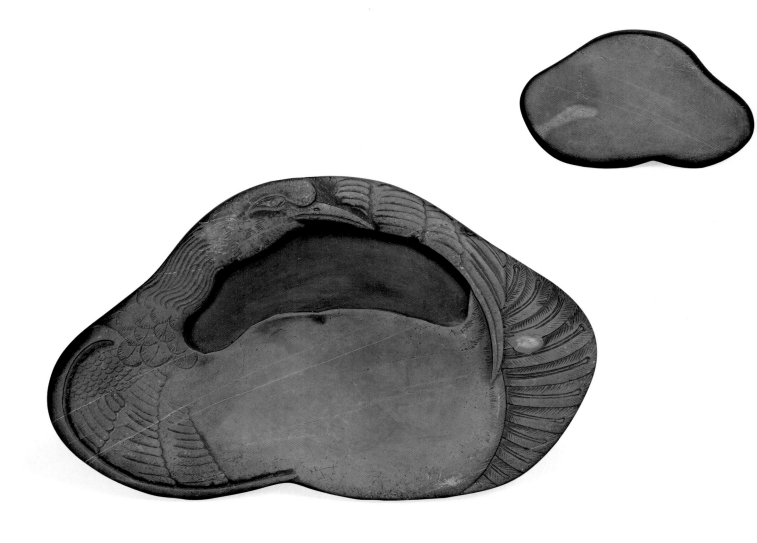

清·袁枚款端溪老坑石砚

长 16.5 厘米，宽 10 厘米，厚 2 厘米

　　该鸢砚为老坑端石，色紫散蓝晕，质细润泽，石上有金线、焦叶白、胭脂火捺、石眼以及微细水裂纹。其雕工精湛，刀法层次分明，追求形神兼备。砚底平整，上刻"袁枚"名款。

　　袁枚（1716—1797），字子才，号简斋，晚号随园老人。钱塘（今杭州）人。诗人、散文家、美食家。

清·仿宋玉兔朝元铭文砚

长 20 厘米，宽 15.5 厘米，厚 3.5 厘米

　　砚为端溪坑子岩，色青紫蕴褐黄，质细润泽，石上有青花、金钱、冰纹、大片蕉叶白并缀有黄石眼。眼之大小不一，所处置不同。砚首四颗，圆润亮丽，其中一颗在"玉兔"额头上，巧夺天工，引人注目。砚作椭圆形，砚面碾琢圆月池堂，砚首深挖扁圆墨池，池旁浮雕一卧兔，面朝砚堂，目视前方，呈"玉兔朝元"砚式。砚首分别书刻九个"如"，字形各异，古有"如意多"之说法。砚背镌行书铭："月之精，顾兔声。三五盈，扬光明。友墨卿，宣管呈。浴华英，规而成。"旁镌隶书"仿宋玉兔朝元砚"七字。此砚构图大方，线条准确，刀法苍劲有力，图文并茂，富民间色彩，是一方不可多得的砚。

清·孙承泽铭端石砚

长12厘米，上宽9厘米，下宽14厘米，高2.7厘米

　　砚系端溪古塔岩，色紫偏红，凝重浑厚，质坚细润滑，叩之木声，手感娇嫩，细腻。石上有金线、黄龙纹、并满布大小不一的珊瑚眼，圆润清澈，艳丽生辉。石中可见微细小墨斑点，此乃古塔岩独有特征。砚作平底，前低后高，前窄后宽，呈梯形，四周内敛，承袭宋砚遗风。砚面平开满月池，圆滑准确，不留刀痕。砚首浅浮雕"玉兔赏月"图，构图生动，刀法雄浑，饶有情趣。此砚曾入过土，边沿损伤为葬俗所致。砚两侧有孙承泽铭"体著灵寿，治此良田，气和神静，以养泰然"，下署"孙承泽"三字款，皆行书。钤"承泽"长方小印。

　　孙承泽（1593—1676），字耳伯，号北海，山东益都人。官至吏部左侍郎。富收藏，精览别书画。著有《研山斋集》等四十余种。

清·随形荷叶纹老坑端石砚

长 14 厘米，宽 9.5 厘米，厚 2 厘米

砚为老坑端石，青紫色，坚细质，随石琢卷叶荷及抛头蟹，寓意"和谐"。背镌"公周临摹金石文字之砚"，字字苍劲挺拔。原配硬木盒，工亦精致。

清·渔氏铭大西洞端砚

长 18.3 厘米，宽 12.5 厘米，厚 1.5 厘米

砚为端溪大西洞石，色青紫含蓝气，质温润细腻，上有金线、胭脂火捺、冰纹、玫瑰紫青花、侧留褐黄石皮。砚为子石，呈扁平砖形，砚面平整，首部浅浮雕一枝古梅，其上方深琢偃月墨池。古梅新月，相辅相成，月成天趣，造型风雅古朴。包浆光润沉厚，品相一流。砚背左上方刻文字"渔氏珍玩"。

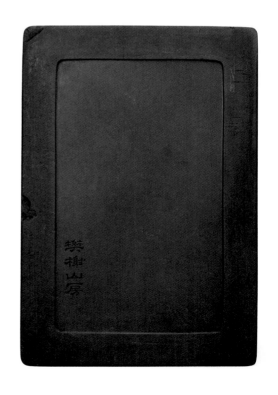

清·樊榭山房歙石砚

长 17 厘米，宽 11.5 厘米，厚 2.5 厘米

砚系婺源龙尾石，又称"绉纱罗纹石"。砚色青碧纯正，质坚细清澈，其理满布横细波浪纹，密密层层。砚缘上刻回纹、形制简练，古朴实用，为清早期做工。砚背覆手左下角刻隶书"樊榭山房"四字。

万鹗（1692—1752），字太鸿，号樊榭，钱塘（今杭州）人，清代著名学者。

清·李鸿章铭老坑端石砚

长 16.5 厘米，宽 13 厘米，厚 3 厘米

　　砚为端溪老坑子石，其色青紫泛赤，上有青花、胭脂晕、黄龙纹及鱼脑碎冻等。砚面平整，随石就刀，琢一对螭龙，抛头露尾，环绕砚堂，一左一右作守护砚田之势。同时砚面上还留有三个天然"虫蛀穴"，缀以"螭龙出没"图案，构思巧妙，饶有情趣。其砚堂开展大度，只因久用明显低洼，这足以说明其文化内涵的厚重。砚背覆手刻"少荃李氏珍藏"六字楷书，笔力苍劲，布局严谨，不愧出自名家之手。

　　李鸿章（1823—1901），字渐甫，号少荃，合肥人。清朝道光进士，累官太子太傅、文华殿大学士。封肃毅伯。卒赠侯爵，谥文忠。

清·文石山房藏端石平板砚

长 12.5 厘米，宽 9 厘米，厚 2 厘米

砚为端溪水归洞石，色紫莹晶，上有金线、冰纹、天青、鱼脑冻及蕉叶白等。砚作平板式，六面持素，可赏其天然纹理之美，而又不失实用之功能。其砚底一侧利用石皮巧雕水波纹，而砚的左侧阴刻隶书"文石山房"四字，笔法苍劲有力。"文石山房"乃何人斋室，俟考。

清·友石铭祁阳石砚

长 13.7 厘米，宽 8.5 厘米，厚 3 厘米

砚为祁阳石，出自湖南祁阳县，故得名。本砚质地细腻，温润光滑，绿色层面微曲，紫绿相间，宛若金黄秋叶，其背色紫偏赤，莹洁清澈。其工简洁明快，素雅大方，砚作长方形，开布币形砚池，砚首特意留出平地，上面细刻铭"其色温润，其制古朴，永宜宝之，书者伯侄"，下刻小印"友石"二字。

米万钟（1570—1631），字仲诏，号友石，陕西安化（今甘肃庆阳）人。明代画家，尤喜画石。

清·端溪坑子岩铭文砚

长 17 厘米，宽 10.5 厘米，厚 2 厘米

砚为坑子岩端石，色青紫散蓝晕，质坚细润，上有微尘青花、胭脂火捺及鱼脑冻。砚作长方平板式，砚刻篆书铭"不能静因以动为用，不能锐因以钝为体，惟其然是以能永年"，旁下刻圆形印，印文不辨。

清·雪村道人铭端石砚

长 16 厘米，宽 9.6 厘米，厚 2.4 厘米

砚系端溪大西洞石，色青灰带紫蓝，质坚细润，软中透硬，亦柔亦刚。石上有胭脂火捺、鱼脑冻、玫瑰紫青花及冰纹冻等。砚取长方形，开钟形砚池，周围刻宽边砚缘，形制简洁大方，清雅实用。背刻雪村道人隶书铭"蟠蹲鲸呿，宣徽广运"，下刻小楷"癸卯九月九日雪村道人书于鸥波亭畔"，旁下钤"许""均"两方小印。

许均（生卒年不详），号雪村，雪村道人。清康熙吏部郎中。

清·古香斋藏龙尾石砚

长 12 厘米，宽 8 厘米，厚 1.5 厘米

砚为婺源龙尾石，色青黑，质细润，缀有银星、细罗纹。砚首雕云月池，阔绰有度，挺拔流畅。砚堂开阔实用，久研显凹。砚身宿墨陈积，包浆油润。砚背中央刻楷书"古香斋"。

清·云龙纹坑子岩端石砚

长 15.5 厘米，宽 13 厘米，厚 2 厘米

砚为色青紫泛蓝晕，质坚柔，凝重而浑厚。石上有鱼脑碎冻、玫瑰紫、青花斑以及大面积胭脂晕，可谓坑子岩佳品。砚随石而制，砚首浮雕云龙纹，神韵自然。其右侧留有黄褐石皮。背刻大篆铭文"不拒墨，不喝水，砚之美，同华（花）近"，遒健飘逸，舒展大方。

清·署名高后歙石砚

长 14 厘米，宽 9.5 厘米，厚 2.5 厘米

砚系婺源龙尾石，色黑如漆，质细娇嫩，石上缀以金银箔纹，尤显珍贵。砚作长方形门字式，砚堂平整，墨池深凹，宽博有度，实用秀气。墨池左侧砚缘上雕古梅，清雅脱俗，右侧砚缘上两个小方格内刻隶书"高后"二字，严谨秀丽。砚背中上细刻"沈砚"二字，清瘦疏朗。整体制作工艺精湛，颇具大家风范。

清·渊庵铭老坑端石砚

长 17 厘米，宽 16 厘米，厚 2.3 厘米

砚为端溪老坑石，色青紫含蓝晕，如马肝色，温润细腻。其形呈子石状。砚背刻文"马肝之最，龙尾之尤，琢等宣和之妙，宝同苏髯之流"，落款"渊庵题"。

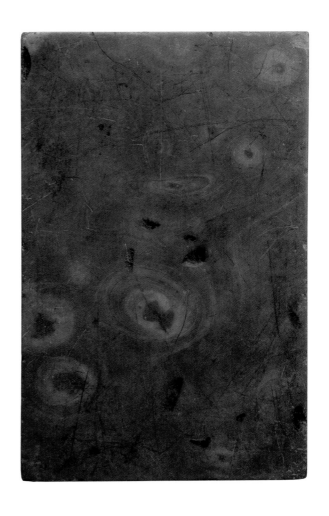

清·宋坑端石手板砚

长 17.5 厘米，宽 11 厘米，厚 3 厘米

　　砚为端溪宋坑石，色绛紫，微泛蓝晕，莹晶润泽，质细如婴肤，有暗细金星、黄龙纹及大片胭脂晕，石上满布金钱火捺，大小不等，圆晕相重，轮廓清晰，神态各异，实为宋坑极品，十分珍稀。砚作平板，赏用皆宜，突出天工，美在自然，是一方不可多得的文房用品。

清·暗细罗纹歙石砚

砚为婺源龙尾石，石上布满暗细罗纹、轻丝如绢，其间有金星点缀，光彩耀眼。砚作长方形，开布币形砚池，砚缘上刻浮云纹饰，线条流畅且具动感，形制端庄实用，做工简洁素雅。

清·乾隆御铭端石小砚

直径 8 厘米，厚 1.6 厘米

　　此砚为端石圆形小砚，砚上雕有荷叶及海棠叶形砚池，整体古朴端庄，砚台背面有乾隆御铭，并配有喜字大漆木盒。

四維四隅是曰八方
璧水環之圓於中央
內外各具深義道
泥式仿乎唐此則端
溪出舊院
乾隆御銘

清·黄花梨木砚

长 22 厘米，宽 16 厘米，厚 4 厘米

　　该木砚纹饰古朴，端庄大方，麦穗纹清晰可见，用料厚重。砚池起线
清晰，工艺上乘，为砚中精品。

清·乾隆蟾蜍纹老坑端石砚

长 16.5 厘米，宽 11.5 厘米，厚 2 厘米

　　砚随形而作，形制自然，美观大气，砚池浮雕一蟾蜍，作昂首姿态，神态威严，刻画精细到位。蟾蜍在古代被视为神物，寓意
祥瑞。砚边缘所琢云纹，回转婀娜，刀法流畅，为琢砚大师之作。
　　砚石出自端溪老坑，色青紫，质温润细腻，如同小儿肌肤，并有微尘青花、胭脂晕、火捺、翡翠斑等。在砚面右下方和砚背左
下方还各有一眼，色绿圆润，可谓端石上品。配黄花梨木盒，盒内面刷漆。

清·日月池碧玉砚

长 14 厘米，宽 9.5 厘米，厚 1.8 厘米

砚为和田碧玉质，色泽纯正、艳丽，质坚细，莹晶。砚面平整，开日月砚池，美观实用，朴素大方。

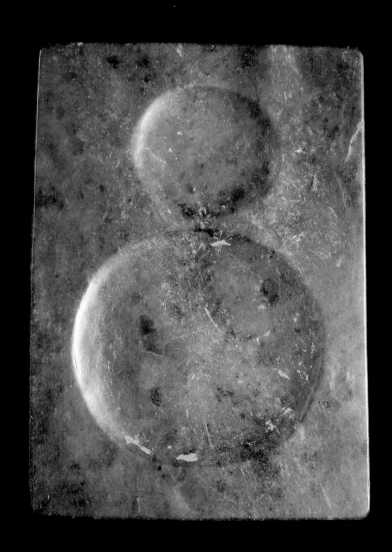

民

国

民国·绿端小板砚

长7厘米，宽4厘米，厚2厘米

绿端石出自肇州北岭及小湘江峡鼎湖山，皆旱坑，以其石治砚始于北宋。石色青绿，似绿豆颜色，故有"绿豆端"之称。色如新荷叶背嫩绿者最难得。这方小板砚，色鲜绿微泛黄，贵在晶莹纯净，质坚润泽，砚背有蕉叶白石品，下端留有褐黄石皮，光彩夺目。这方小砚切割规范，小巧玲珑，可赏可用，也可把玩。配厚红木盒，工亦精致。

民国·蔡元培铭洮河石砚

直径 14.5 厘米，厚 5 厘米

　　砚系洮河石，色绿莹晶，质细柔润。砚作正圆，砚堂平坦而深凹，可砚墨亦可蓄墨，其盖略带弧度，契合度高，形制与时代相合。砚盖中间有蔡元培镌铭："梨花千树雪，杨柳万条烟。"铭文右侧刻"午昌先生雅正"，左侧刻"民国十年秋月"，旁下款署"蔡元培"。

　　蔡元培（1868—1940），字鹤卿，号子民，绍兴人。民主革命家、教育家，1917 年出任北大校长。

　　郑午昌（1894—1952），名昶，号弱龛，浙江嵊县人。中华书局美术部主任，首创汉文正楷字模。著有《中国画学全史》《中国美术史》《石涛画语录释义》。

午昌先生雅正

人間焚十斗雪
玉案千壺書
楊柳春風萬條煙
大雅引祭火

癸卯十年敢月

蔡元培

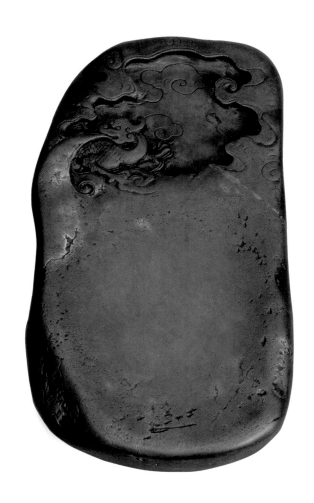

民国·吴湖帆铭云龙纹老坑端石砚

长 18.5 厘米，宽 10.5 厘米，厚 3.5 厘米

　　砚以长条随形子石为之，砚取平底，浅开砚堂，深雕云池，浮雕龙吐水图案，刻工精细，极富立体感。其色青紫，微微泛蓝，有青花、胭脂晕、翡翠斑、荚龙纹及鱼脑碎冻等。质细密，温润娇嫩。制以用为上，古朴大方。砚背铭文"观大自在"，旁下刻"湘云先生属题"，下钤"吴湖帆"小方印。

　　吴湖帆（1894—1968），初名翼燕，字遹骏，后更名万，字东庄，江苏苏州人。现代绘画大师，书画鉴定家。

民国·师曾铭修口石砚

长 19 厘米，宽 19 厘米，厚 3 厘米

　　砚为修口石，出自江西修水县修口地区深土中，色淡紫偏赤，深浅不一，色彩妍丽，质细滑润，利墨利毫。砚作平底，八棱形、环渠式，工简，素雅实用。这方修口石砚是陈师曾的家乡砚。砚背平整，上有他刻的篆书诗句："浮云游子意，落日故人情。挥手自兹去，萧萧班马鸣。"旁下落款"师曾"二字。

　　陈师曾（1876—1923），名衡恪，字师曾，号槐堂，又号朽道人，南昌义宁（今江西修水县）人。著名美术家，艺术教育家。

民国·圆形洮河石铭文砚

直径 14.5 厘米，厚 5.5 厘米

砚为洮河石，绿豆色，有黄膘黛绿条纹，质坚柔细润。石出甘肃洮河水底，取之不易，稀少而贵重。砚作圆形，底盖契合规整，盖上草书镌铭"天然文吐春云峰，悟后心如秋月超。"铭文运笔潇洒自如。盒盖上有香沙题跋："思乐泮水追琢其章，如圭如璧怀允不忘。"落"香沙铭"。

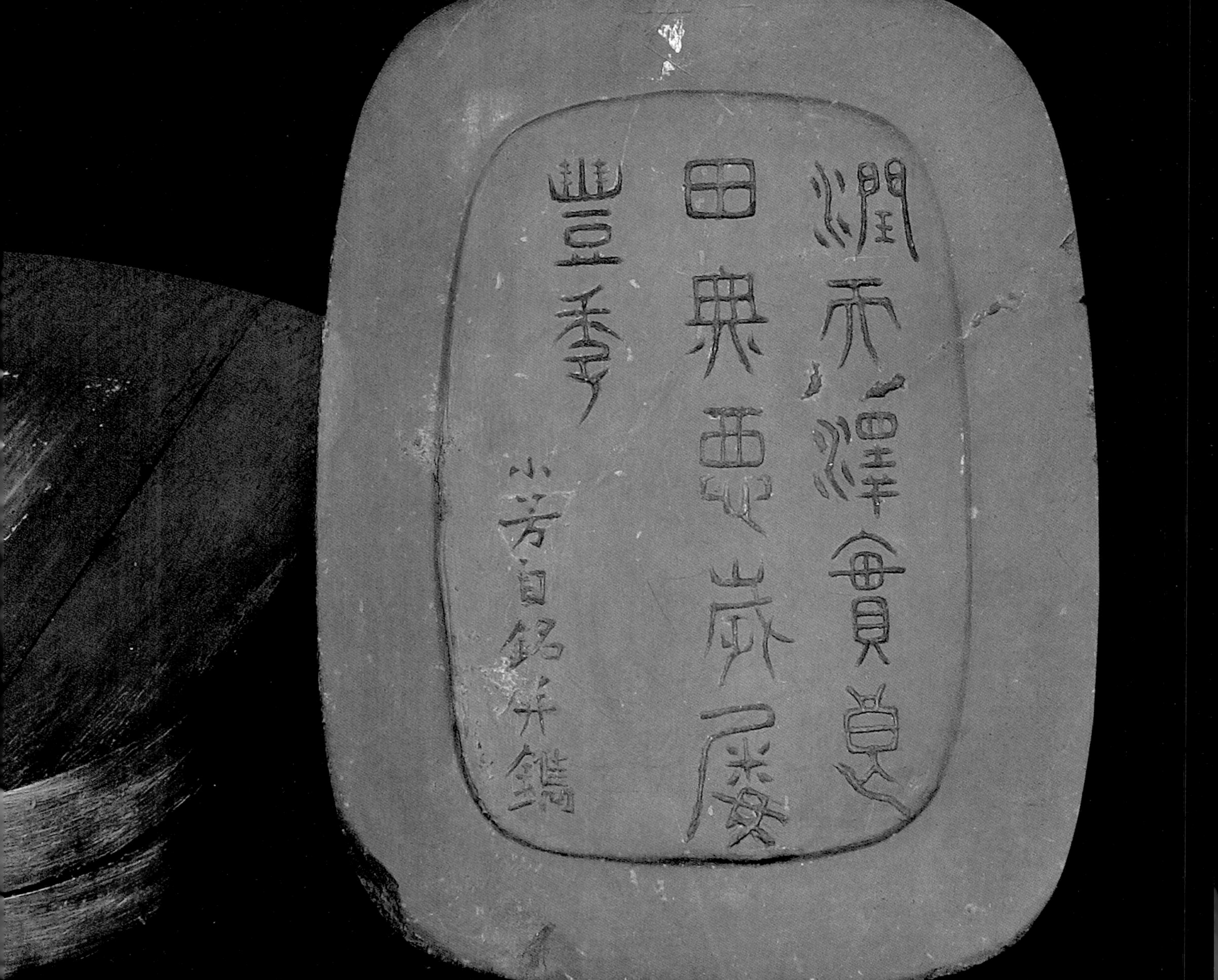

潤禾澤寶真
田東西歲廈
豐季

小芳自銘并鐫

民国·小芳自铭并镌端石砚

长 11 厘米，宽 8 厘米，厚 1.8 厘米

砚系端石，色紫清澈，质细温润，利墨宜毫。砚作圆角长方形，工简素雅，便携实用。砚背覆手内刻篆书铭"润而泽，实良田。无恶岁，屡丰年"。左下刻"小芳自铭并镌"。

民国·蝠到眼前黄花梨木砚

长 24 厘米，宽 15 厘米，厚 4.8 厘米

　　该黄花梨木砚厚重朴实，砚池上端雕一硕大蝙蝠，古人寓意"蝠（福）到眼前"。背面刻有"学而不厌"四个大字，端庄古朴，寓意深远。

民国·环渠池黄杨木砚

长 16 厘米，宽 16 厘米，厚 3 厘米

　　砚为晋代黄杨木，作八角形，中央凸起呈圆饼状砚堂，周边环绕作沟渠墨池，砚呈辟雍式，整体设计简练、巧妙，制作规矩精到。砚堂、墨池开阔有度，古朴典雅。木质古砚虽自古有之，但流传下来并不多，尤显珍贵。

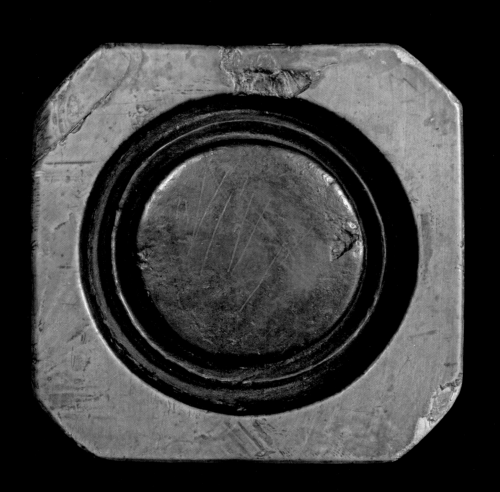

图书在版编目（CIP）数据

古砚流芳 / 王承绪著；王赛，范涛编. -- 杭州 ：
西泠印社出版社，2024. 11. -- ISBN 978-7-5508-4626
-5

I. TS951.28

中国国家版本馆CIP数据核字第2024HF8141号

古 砚 流 芳

王承绪 著　　**王赛　范涛** 编

责任编辑	陈国梁
责任出版	杨飞凤
责任校对	应俏婷
统筹策划	王　蒙　王　磊
艺术摄影	王　赛
装帧设计	蔡旭荣
出版发行	西泠印社出版社
	（杭州市西湖文化广场 32 号 5 楼　邮政编码　310014）
经　　销	全国新华书店
制　　版	杭州掌境文化创意有限责任公司
印　　刷	浙江海虹彩色印务有限公司
开　　本	889mm×1194mm　1/16
字　　数	105 千
印　　张	20.25
印　　数	0001—1000
书　　号	ISBN 978-7-5508-4626-5
版　　次	2024 年 11 月第 1 版　第 1 次印刷
定　　价	328.00 元

西泠印社出版社发行部联系方式：0571-8724 3079